AF457557

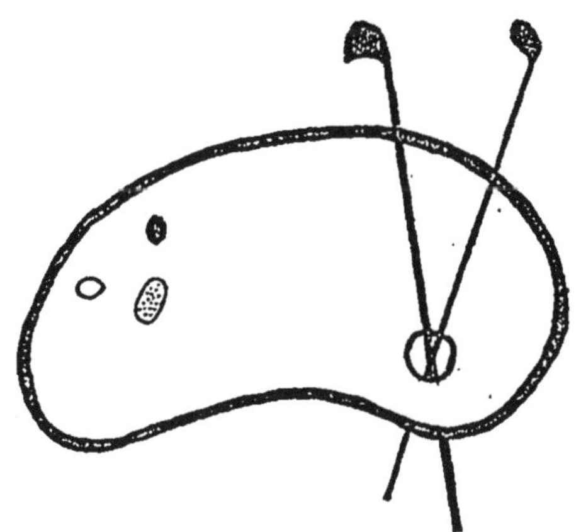

BIBLIOTHÈQUE PHOTOGRAPHIQUE

HÉLIOGRAPHIE
VITRIFIABLE

TEMPÉRATURES, SUPPORTS PERFECTIONNÉS,
FEUX DE COLORIS

Par GEYMET.

PARIS,
GAUTHIER-VILLARS ET FILS, IMPRIMEURS-LIBRAIRES,
ÉDITEURS DE LA BIBLIOTHÈQUE PHOTOGRAPHIQUE,
Quai des Grands-Augustins, 55.

1889

Paris. — Imp. Gauthier-Villars et fils, 55, quai des Grands-Augustins.

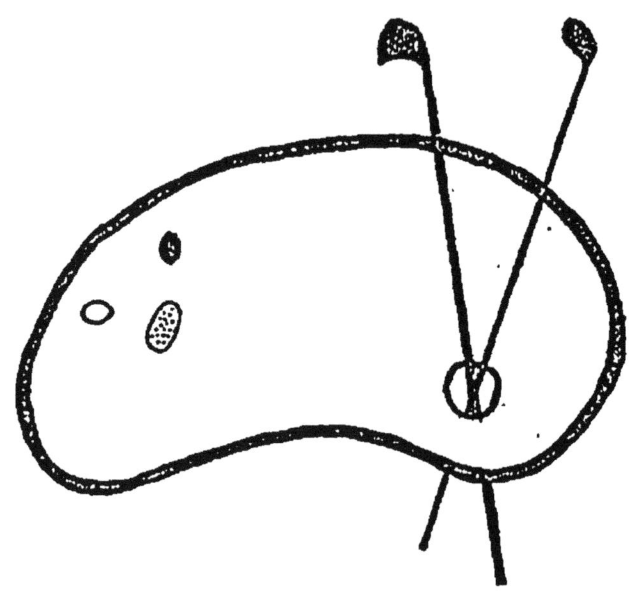

DEBUT D'UNE SERIE DE DOCUMENTS
EN COULEUR

HÉLIOGRAPHIE

VITRIFIABLE

LABORA ET NOLI
CONTRISTARI

BIBLIOTHÈQUE PHOTOGRAPHIQUE

HÉLIOGRAPHIE
VITRIFIABLE

TEMPÉRATURES, SUPPORTS PERFECTIONNÉS,
FEUX DE COLORIS

Par GEYMET.

PARIS,

GAUTHIER-VILLARS ET FILS, IMPRIMEURS-LIBRAIRES,
ÉDITEURS DE LA BIBLIOTHÈQUE PHOTOGRAPHIQUE,
Quai des Grands-Augustins, 55.

1889

AVANT-PROPOS.

Ce travail sera divisé en deux Parties :

Nous indiquerons dans la première les perfectionnements apportés dans l'outillage qui sert à préparer le support de l'épreuve héliographique et les tours de main qui rendent cette opération délicate plus simple et plus facile.

Nous nous occuperons dans la seconde de la nature du support, de la température qui convient à chaque subjectile, et enfin du coloris de l'émail et de la porcelaine, partie qui n'a été qu'effleurée dans notre premier Traité.

Il ne sera question des couleurs qu'au point de vue du mélange et des modifications qu'elles subissent dans le moufle, non pas comme oxydes, mais comme éléments de décoration.

HÉLIOGRAPHIE VITRIFIABLE.

PREMIÈRE PARTIE.

FABRICATION DU SUPPORT ÉMAILLÉ PAR LA MÉTHODE PERFECTIONNÉE.

CHAPITRE I.

OUTILLAGE ET MATIÈRES PREMIÈRES.

Outillage.

Nous n'écrivons pas seulement pour l'émailleur et pour ceux qui s'occupent à un point de vue quelconque à décorer l'émail par la Photographie et par la Peinture ordinaire.

Nous voulons indiquer à l'industrie les moyens chimiques et mécaniques sans lesquels on n'arrive pas à une fabrication régulière, à un émaillage solide, nous voulons fixer une méthode qui permette de donner aux plaques la légèreté, le brillant, la régularité des contours et enfin la perfection de la forme.

Il est difficile qu'une plaque d'émail réunisse

toutes ces qualités, si l'on reste en dehors de certaines manipulations que l'expérience a établies.

Avant d'entrer dans les détails de l'opération, il est indispensable de faire connaître l'outillage, si peu compliqué qu'il soit, qu'il faut avoir sous la main pour exécuter ce travail.

Il sera difficile plus tard de trouver des plaques d'émail si la méthode de fabrication n'est pas indiquée par un praticien.

Nous commencerons par donner la nomenclature des *outils* employés par l'émailleur.

OUTILS ET ACCESSOIRES.

1. Four d'émailleur à grille sur socle n° 6 avec moufle ouvert;
2. Kaolin ou rouge anglais délayé à l'eau pour badigeonner les rondelles réfractaires;
3. Un vase en terre avec un pinceau plat résistant (brosse de peintre);
4. Rondelles en terre réfractaire, supports des plaques pendant le séchage de la couche et pendant la vitrification;
5. Un support pour maintenir les rondelles en élévation dans le moufle;
6. Une pince d'émailleur droite;
7. Pince en fer en forme de précelles pour déplacer les plaques après la vitrification;
8. Un blaireau en martre pour épousseter les plaques avant d'appliquer la deuxième couche;
9. Un mortier en bois dur, hêtre ou chêne, taillé dans un bloc de 0m,60 de hauteur;
10. Un pilon, à tête d'acier trempé, du poids de 2kg.
11. Un tamis de 0m,15 de diamètre avec toile métallique portant le n° 120;

12. Un tamis semblable, avec toile métallique n° 110, à double fond;
13. Deux petits tamis en toile métallique, l'un de 110, l'autre de 120, avec couvercles;
14. Un emboutissoir en bois dur, creusé en demi-sphère aplatie de 0m,10 de diamètre;
15. Un emboutissoir semblable de 0m,15 de diamètre;
16. Deux ou trois spatules en acier poli, dont une recourbée pour donner au cuivre la forme concave;
17. Deux plateaux de 0m,10 de diamètre, en forme de plateau de balance, pour faire sécher l'émail et le limon destinés à l'émail et au contre-émail;
18. Trois cristallisoirs en verre pour frapper et pour purifier l'émail;
19. Un paquet de plumes d'oie taillées sans fente, pour enlever les points noirs;
20. Une balance de 250 grammes, avec série de poids;
21. Deux séries de calibres en zinc épais de 0m,004, une ovale, l'autre rectangulaire, aux dimensions qui seront indiquées;
22. Deux paires de ciseaux de force moyenne servant à découper le cuivre en feuille;
23. Une paire de ciseaux fins recourbés pour établir la forme sur le calibre;
24. Une pince large, fixant le cuivre sur le calibre pour façonner la bordure;
25. Un pinceau léger, en poil de sanglier, servant à appliquer la couche de limon;
26. Un support à main, pour soutenir la forme de cuivre pendant l'émaillage;
27. Un bâton de cire à modeler faisant adhérer la forme sur le support à main;
28. Un compas et une règle.

MATIÈRES PREMIÈRES ET PRODUITS CHIMIQUES.

1. Cuivre vierge laminé sous les différentes épaisseurs qui seront indiquées;
2. Galettes d'émail brut, pâte blanche;

3. Eau distillée;
4. Gomme adragante, premier choix;
5. Acide azotique;
6. Acide sulfurique;
7. Sable fin;
8. Coke ordinaire et mieux coke de four;
9. Charbon de bois;
10. Briques en terre réfractaire pour isoler le fourneau des murs;
11. Terre réfractaire.

Nous expliquerons une à une les opérations, sans nous astreindre, cependant, à suivre l'ordre méthodique, par la raison que ces manipulations rentrent quelquefois les unes dans les autres et qu'il serait, partant, impossible de les traiter isolément.

Choix de l'émail.

L'émail blanc employé dans la fabrication des plaques se trouve dans les maisons spéciales, qui livrent la matière brute sous forme de galettes du poids d'un demi-kilogramme plus ou moins. La matière brute porte la marque de chaque fabricant.

Les maisons de production sont rares. Cette industrie comporte une installation coûteuse.

Les émailleurs de profession s'approvisionnent dans les succursales de ces fabriques. Ils y trouvent, en outre, les émaux opaques de toutes nuances et les émaux transparents qu'on étend sur or et sur argent poli, et dont l'éclat, à travers la couche vitreuse, donne à la couleur de l'émail plus d'éclat et plus de miroitement.

Si les demandes ont quelque importance, les fondeurs livrent les émaux blancs broyés. Il ne reste qu'à les reprendre au pilon pour leur donner le grain convenable qui est réglé par les mailles des tamis dont nous avons indiqué les numéros. Mais nous ne conseillons pas de prendre la matière première sous cette forme.

Quelque soin qu'on apporte au broyage mécanique, le produit sort de la broyeuse mélangé de matières étrangères, qui entraînent infailliblement des désordres dans la fabrication secondaire qui nous occupe.

Les lavages aux acides sont impuissants à détruire et à éliminer totalement les parties hétérogènes mêlées aux grains d'émail qui doivent être purgés à fond de toute impureté dans l'émaillage en blanc, qui est le plus délicat dans l'exécution, non pas à cause de la nature du produit employé, mais par suite de la difficulté plus que sérieuse qu'on éprouve à produire des pièces irréprochables de blancheur.

Ce n'est qu'à force de soins et d'attention qu'on sort du moufle des surfaces sans défaut et surtout sans points noirs.

L'émailleur en blanc peut employer, suivant la destination des pièces, deux produits différents :

La *pâte* et le *blanc*.

Nous avons fait connaître ailleurs la composition chimique de l'une et de l'autre de ces matières. Nous n'avons plus à y revenir, comme il a été convenu.

La seconde, qui porte le nom de *blanc* dans l'émaillage, non pas à cause de sa couleur, mais comme désignation d'un produit différent essentiellement d'un autre de même apparence, quoique de composition différente, est moins dense et beaucoup plus fusible que la pâte. On la travaille sans trop de difficulté.

Un émailleur ordinaire, un amateur même, après quelques essais sur une forme apprêtée comme nous l'indiquerons, pourra fort bien sortir du moufle une plaque passable.

Il en est tout autrement de l'emploi de la pâte qui ne fond qu'à une température beaucoup plus élevée et qui ne prend une glaçure régulière sans picotements et sans ondulations qu'à une température déterminée, qui ne peut pas être réglée au pyromètre dans le four d'émailleur, dont la température varie à chaque minute et dont il faut apprécier le degré à la simple inspection de la coloration de l'intérieur du moufle.

En effet, dans le fourneau de l'émailleur, on peut passer en peu de temps du rouge sombre au rouge blanc, qui est le point de fusion des métaux précieux.

L'émailleur doit pouvoir, par la connaissance du feu, maintenir cette température moyenne qui convient à la pâte, sans s'en écarter pendant toute la durée de la vitrification.

Grosseur du grain.

Nous laissons donc le blanc de côté, pour ne nous occuper que de l'émail, la pâte.

Nous dirons bientôt comment l'émailleur doit s'y prendre pour diviser les galettes et pour réduire les fragments en poudre.

Voyons avant, en supposant le broyage terminé, quel est le degré exact de pulvérisation qui se prête le mieux à la régularité de la couche et à la glaçure.

L'émail peut être d'un blanc crème, d'un blanc azuré ou d'un blanc pur. Ces colorations ne sont pas sensibles quand l'épreuve est terminée.

Ce produit n'est jamais exactement le même. La couleur est modifiée par la fusion dans les fontes de même nature. Il y a, en outre, des variations analogues dans le degré de fusibilité des produits qui sortent de la même fabrique.

C'est à l'émailleur et au peintre de tenir compte de ces différences. Il augmentera le degré de chaleur du four ou il en diminuera l'énergie, suivant la nature de la pâte qu'il emploie et dont la résistance au feu lui est indiquée dans sa première tentative d'émaillage.

Ces observations précises, dont il n'est pas question dans notre *Traité des émaux photographiques* [1], s'adressent non seulement au fabricant de plaques mais encore à l'émailleur photographe, qui doit connaître au temps qui s'écoule pour atteindre le glacé dans une température moyenne, qui est le rouge cerise peu marqué, s'il est nécessaire de pousser le feu en raison de la dureté de l'émail qui couvre les plaques dont il se sert.

On se souvient, si l'on a lu le Traité cité plus haut, que l'épreuve développée à la poudre doit pénétrer dans la pâte par un coup de feu vif, mais sans durée.

Une plaque portant son épreuve qui ne glace pas dans le moufle après quelques minutes, quand elle a pris la couleur rouge cerise de la rondelle réfractaire et qu'elle se confond presque avec elle, est une plaque perdue si on la laisse exposée au même feu. L'épreuve, au lieu de glacer, s'affaiblit par degré; l'émail se ride et la prolongation de l'opération, avec un feu manquant d'intensité, loin d'amener la glaçure, entraînerait la perte de la plaque et de l'épreuve.

[1] GEYMET, *Traité pratique des émaux photographiques. Secrets* (tours de main, formules, palette complète, etc.) *à l'usage du photographe émailleur sur plaques et sur porcelaines.* In-18 jésus; 1885 (Paris, Gauthier-Villars et fils).

Nous verrons que le cas est le même dans la fabrication de la plaque elle-même.

Dans ce cas, on retire la plaque du moufle, on ajoute du combustible et l'on attend, après avoir fermé le fourneau, que la température ait monté et que la couleur rouge cerise qui n'a pas été suffisante ait atteint un ton rouge cerise plus vif, mais non exagéré, sans arriver au rouge orange dans aucun cas. Cette température trop élevée fondrait la feuille de cuivre.

Il n'en est pas de même pour la vitrification du coloris appliqué au pinceau. Les couleurs, dans ce cas, n'ont rien perdu de leur fondant, tandis que l'épreuve formée de poudre d'émail sèche qui n'est pas amalgamée par un corps résineux comme l'essence grasse, qui n'est fixée que superficiellement sur la plaque, perd une partie de son fondant, soit mécaniquement par les lavages, soit chimiquement, puisque les sels qui entrent dans la composition du fondant, quoique transformés par la fusion, restent cependant partiellement solubles dans l'eau.

Dans la fixation du coloris, le feu doit être moins vif que dans la vitrification de la plaque et de l'épreuve, et la température qui suit une première cuisson doit être toujours au-dessous de celle qui précède, aussi souvent que la plaque a besoin de passer par le moufle pour un travail additionnel.

Ces aperçus, dictés par l'expérience, serviront,

nous en sommes persuadés, à faciliter la tâche des opérateurs qui voudront bien en tenir compte.

L'émaillage et la reproduction sur émail ont plus d'un point commun.

Le feu, dans presque toutes les opérations où il intervient comme facteur essentiel, est en quelque sorte l'agent principal, et c'est de l'effet bon ou mauvais qu'il produit que dépend le succès ou l'avortement de l'entreprise.

En est-il autrement en Phototypie?

L'opérateur habile, difficile à remplacer, est celui qui sait régler à point la cuisson de la gélatine par un degré de chaleur qui est en rapport avec la quantité d'eau à évaporer dans un temps donné et dans un milieu qui doit se décharger à mesure des vapeurs humides émises par la couche de gélatine.

Le grain est convenable pour l'emploi, s'il peut passer au travers de ce qu'on peut trouver de plus fin en tissus de mousseline.

On choisira dans l'industrie deux tamis en toile métallique et mieux en soie, portant le premier le n° 120, et le second le n° 110.

Ces tamis, la toile occupant le milieu, doivent être fermés en dessus et en dessous par des couvercles en peau. On les trouve tout préparés.

La quantité d'émail broyé qui traversera la toile du tamis 110 et qui s'arrêtera sur le tamis 120 sera mise à part pour la couverture des plaques.

La poussière récoltée sous le tamis 120 servira, transformée en bouillie épaisse, dans une dissolution de gomme adragante dans l'eau, à la première application d'émail qui se fait sur le cuivre à l'aide du pinceau en poil de sanglier dont la forme et l'usage seront expliqués par la suite dans un autre chapitre.

CHAPITRE II.

Dimensions des plaques d'émail. — Ovales.

	mm		mm
N°s 1.	5 × 3	N°s 11.	46 × 36
» 2.	10 × 8	» 12.	49 × 39
» 3.	13 × 10	» 13.	54 × 44
» 4.	16 × 13	» 14.	59 × 48
» 5.	20 × 16	» 15.	65 × 53
» 6.	23 × 19	» 16.	70 × 57
» 7.	29 × 24	» 17.	80 × 65
» 8.	32 × 26	» 18.	89 × 73
» 9.	38 × 39	» 19.	98 × 78
» 10.	40 × 33		

Ces chiffres expriment en millimètres la longueur du grand et du petit diamètre de l'ovale régulier que la plaque d'émail affecte.

Ainsi dans le n° 1, le grand diamètre a 0m,005 et le petit 0m,003, et dans le plus grand numéro qui est le n° 19, le grand diamètre a 0m,098 et le petit 0m,078. Ces mesures sont invariables.

Calibres en zinc.

L'outillage qui sert à mettre le cuivre en forme est peu compliqué. On appelle *forme* la plaque de cuivre sans émail. L'outillage se compose de dix-neuf calibres ovales et d'un même nombre de calibres rectangulaires.

On taille ces calibres dans une feuille de zinc planée et polie. La correction de la forme ovale ou rectangulaire est un point très important. C'est de cette première opération que dépend la régularité de la plaque d'émail. Les calibres en cuivre sont préférables. Ce métal plus dur est moins sujet à se déformer sur les bords, sous la pression mille fois répétée du brunissoir.

L'épaisseur de la feuille du métal qu'on emploie pour construire ces calibres n'est pas arbitraire, comme on le verra. C'est de cette épaisseur que dépend la légèreté de la plaque.

Du n° 1 au n° 14, le cuivre ou le zinc aura $0^m,002$ d'épaisseur et $0^m,0035$ jusqu'au n° 19. On augmentera d'un demi-millimètre et plus pour les plaques qui auraient des surfaces plus étendues.

Outre la régularité mathématique de ces ovales qui servent de type pour découper le cuivre en feuille et l'épaisseur du métal que nous avons indiquée, il faut en outre façonner l'arête du métal qui détermine l'ovale.

Prenons, pour nous faire comprendre, un calibre rectangulaire terminé par des lignes droites. Le calibre doit être plus étroit au recto qu'au verso. On obtient ce résultat si, au lieu de découper à la scie le métal par un trait perpendiculaire, on le taille en biseau de manière à ce que l'arête tranchée par la scie soit oblique au plan de surface. Le type représente alors une section de cône qui, posée à plat, sera plus large à la base que sur la face tranchée. Cette dépression de la surface supérieure ne doit pas être trop accentuée, mais il est de toute importance qu'elle soit ménagée pour obtenir des cuivres ovales, qui recevront l'émail sans déformation aucune et qui, quoique bombés, auront un rebord ou un filet d'une précision parfaite.

Ce rebord, qui retient l'émail en fusion et qui limite l'ovale, est d'une nécessité absolue pour la régularité de la fabrication et il importe de lui donner une forme aussi parfaite que le tracé d'un ovale fait au compas. Dès lors la forme élégante de la plaque d'émail est assurée et le feu n'y changera rien.

Il serait difficile de tailler le métal en biseau à la scie. Le tour ovale peut seul donner des calibres réguliers.

En se réglant sur le grand et sur le petit axe que nous avons exprimés en chiffres en indiquant les grandeurs de plaques, on obtiendra des ovales parfaits. Le biseau pourrait à la rigueur se faire avec une lime douce, mais ce moyen ne donnerait pas la précision qui est absolument nécessaire.

Qualité du cuivre.
Épaisseur des feuilles de cuivre proportionnelle à la dimension des plaques. — Oxydation.

Tout cuivre n'est pas bon pour l'émaillage. On emploie le cuivre rosette, c'est-à-dire le cuivre pur sans alliage.

Ce point a une si haute importance que l'émailleur doit sacrifier son temps et sa peine pour se procurer le métal qui convient. En dehors de ces conditions, il n'y a pas d'émaillage possible.

Une certaine qualité de cuivre rosette laminé à toute épaisseur se trouve chez les marchands de métaux qui le vendent par feuille, comme produit exempt de tout alliage. Nous n'y contredisons pas, mais nous sommes convaincu, après expérience, que tout cuivre laminé d'avance n'est pas bon à employer.

On fait mieux en s'adressant à un lamineur de profession, qui exécute ce travail à façon pour les émailleurs qui ont quelque souci de leur industrie.

Le lamineur, qui connaît par sa clientèle l'importance du métal pur, a des lingots destinés à cet emploi. Les jets de métal sont calculés sur la largeur des feuilles qui sont en usage dans l'atelier de l'émailleur.

Il peut livrer en quelques heures les bandes

laminées qui lui sont demandées et leur donner un poli parfait, exempt de toute oxydation et en métal garanti pur. On peut se fier à lui.

Le cuivre, même pur, laminé depuis longtemps, n'est pas à employer dans l'émaillage délicat dont nous parlons. Il se couvre avec le temps d'une couche d'oxyde qui, malgré le double décapage préalable, laisse des traces sensibles sur le métal où il forme un pointillé en creux que la friction au sable humecté d'acide dilué ne fait pas disparaître.

Ce pointillé trouble une opération qu'on fait subir à la forme avant l'application de l'émail et qui porte le nom d'*oxydation*.

On oxyde en plaçant la forme sur une plaque réfractaire et en l'exposant pendant quelques secondes dans le moufle incandescent.

La forme est retirée quand le cuivre y a pris une teinte qui passe du jaune d'or au violet tendre. Les nuances échelonnées entre ces deux tons, la couleur de départ et d'arrêt comprises, sont les colorations qui indiquent une bonne oxydation.

Le ton gris donnerait de mauvais résultats. Les cuivres manqués sont décapés une seconde fois, comme il sera dit, et passés de nouveau au moufle.

Ces colorations sont produites par une légère couche d'oxyde de cuivre, qui se forme dans le foyer en présence de l'oxygène.

Cet oxyde, qui a une trop grande épaisseur

quand il se développe en gris, est en quelque sorte un amalgame indispensable pour lier l'émail au cuivre. Sur le métal poli la pâte se soulèverait.

En présence du feu, l'oxyde de cuivre se transforme en oxyde rouge en combinaison avec l'étain qui entre dans la composition de la pâte. Dès lors le métal et la matière vitreuse sont solidement unis ensemble. Cet oxyde joue le rôle de mercure dans l'argenture galvanique. On pourra juger de cette similitude de rapport en consultant notre *Traité pratique de Galvanosplastie* (1).

Nous n'entrerons pas dans la description interminable du rôle de l'oxyde de cuivre. Plusieurs prétendent qu'il est nuisible à la solidité de l'émaillage. Nous pouvons, par expérience, affirmer le contraire. Les contradicteurs n'ont vu dans l'oxyde de cuivre qu'une couche inerte interposée, sans se rendre compte de la transformation de cette même couche et de sa combinaison avec l'émail.

Voici l'épaisseur des feuilles de cuivre mesurées au palmer, qui convient à chaque numéro de plaques d'émail :

		mm	
Des Nos	1 à 5	0,1	
»	5 à 10	0,15	
»	11 et 12	0,175	
»	13 et 14	0,2	faible.
»	15 et 16	0,2	

(1) Geymet. — *Traité pratique de Galvanoplastie et d'Électrolyse, avec applications pratiques fondées sur les dernières découvertes.* In-18 jésus; 1888 (Paris, Gauthier-Villars et fils).

	mm	
Des N°s 17 et 18	0,225	
» 19	0,250	faible.
» 20	0,350	fort.
Carte album	0,3	
Carte promenade	0,350	

On comprend sans explication que l'épaisseur du cuivre doit être en rapport avec l'étendue de la surface émaillée. Le cuivre chauffé au rouge cerise vif, se dilatant, s'affaisserait sous le poids de la couche d'émail si l'on n'augmentait pas l'épaisseur du métal proportionnellement au poids de la matière en fusion qu'il supporte. La forme convexe et le contre-émail ne suffiraient pas pour enrayer cette déformation.

Il faut, en dehors de ces mesures préventives, vitrifier les grandes pièces sur des supports en fonte auxquels on donne la courbure de l'émail et qui sont badigeonnées au kaolin ou au rouge anglais pour empêcher la prise du contre-émail sur la tôle.

On peut soutenir les n°s 19 et 20 avec des fragments de rondelles réfractaires passées au kaolin détrempé, comme les sous-gardes en tôle.

Forme en cuivre.

On appelle *forme* le cuivre taillé en ovale ou à angles droits qui, recouvert d'émail puis vitrifié, devient le support de l'épreuve photographique qu'on fixe au feu.

La perfection de la plaque, la correction des contours surtout, donnent une plus-value au médaillon.

Nous avons indiqué dans notre *Traité pratique des émaux photographiques* [1] une méthode qui a sa valeur, mais qui est de beaucoup inférieure à celle que nous allons expliquer. Nous rappellerons brièvement ce que nous avons dit alors pour faire comprendre, par comparaison, pourquoi la manière de former le cuivre, comme on le fait aujourd'hui, rend l'émaillage plus simple tout en donnant des contours plus précis. On s'en rendra mieux compte, du reste, et le rapprochement sera plus facile en décrivant d'abord le nouveau traitement que subit la feuille de cuivre pour être mise en forme.

Nous avons dit que le lamineur prenait des lingots de cuivre étirés d'abord en cylindres, d'un diamètre suffisant pour fournir des lames d'une largeur en proportion avec chaque numéro d'émail.

Chaque bande, après l'aplatissement du lingot, donne l'épaisseur exacte qui correspond à celle qui est indiquée. Ces lames sont en conséquence plus ou moins larges, suivant les numéros des plaques.

Le cuivre n'est donc pas étiré en grandes feuilles, mais en bandes d'une longueur quelconque et d'une largeur variable.

C'est dans ces bandes de métal qui supportent

[1] Paris, Gauthier-Villars et fils.

un écrouissement considérable, puisque les cylindres n'aplatissent qu'une surface de peu d'étendue, qu'on trace au calibre, dans le sens de la longueur, avec une pointe, la forme précise de la future plaque d'émail.

La forme tracée avec une pointe arrondie qui glisse autour du calibre est enlevée au ciseau. Mais on détermine auparavant, à l'aide d'un compas, la longueur de chaque forme sur le cuivre, en laissant entre chaque ovale tracé une distance de $0^m,006$ à $0^m,008$, suivant la dimension de la plaque d'émail.

On a remarqué que l'épaisseur des feuilles métalliques dans lesquelles les calibres sont découpés différaient entre elles de quelques millimètres.

L'espace laissé entre deux ovales qui se suivent dans le tracé à la pointe, doit être de $0^m,001$ plus grand que l'épaisseur du calibre qui détermine le numéro de l'émail. En divisant cette distance en deux parties égales par un trait, on laissera à chaque ovale ce qu'il faut de cuivre en plus pour former le filet ou la bordure en hauteur qui doit retenir l'émail en fusion sur la plaque. La matière vitrifiable ne débordant pas laissera à l'ovale toute sa régularité.

Les développements qui vont suivre feront mieux comprendre ces explications.

Nous voulons en somme arriver à ceci :

Tracer à la pointe guidée par le calibre un ovale (supposons un seul ovale) sur le cuivre, découper au ciseau cet ovale, non pas sur la ligne tracée, mais à $0^m,002$ ou $0^m,003$ en dehors, sans se préoccuper pour le moment de la régularité de la coupe faite au ciseau. Il suffit que l'ovale tracé reste intact. Les explications précédentes ne sont données que dans le but d'user le moins de cuivre possible.

Confection de la forme.

Il faut pour exécuter la forme :

1. Le calibre;
2. L'ovale en cuivre qui vient d'être découpé;
3. Une pince à large mâchoire;
4. Un brunissoir en acier poli;
5. Un emboutissoir;
6. Une lime fine et large;
7. Une spatule en acier poli, droite sur un côté et recourbée sur l'autre.

Ces outils se trouvent dans l'industrie, à l'exception de l'emboutissoir.

Quant à la spatule, elle doit être en double dans l'atelier. La première, qui est la plus petite, sert à bomber les petits numéros.

La seconde, triple de la première, est réservée pour les grandes plaques.

Les spatules qu'on trouve toutes faites dans les maisons d'outillage pour l'industrie ne sont pas polies. Il faut rendre le métal lisse et uni comme une glace. Ce point est très important. Les polisseurs de métaux se chargent de ce travail.

Emboutissoir.

L'emboutissoir est un accessoire qui n'a d'extraordinaire que le nom qui le désigne. Un tourneur ordinaire le fait en quelques minutes, en lui donnant les explications et les mesures qui suivent et qui s'appliquent au petit modèle. Tout sera proportionnel dans le grand.

Sur un cylindre de bois dur de $0^m,09$ de diamètre, quand il est apprêté et qu'il a passé par le tour, on enlève à la scie une tranche à bases parallèles de $0^m,04$ d'épaisseur plus ou moins. La hauteur du disque est sans importance, mais la précision est requise pour la façon qui reste à donner à la pièce qui doit être évidée sur les deux faces en forme de coupe à boire.

En creusant le bois, on laisse une bordure pleine de $0^m,005$. En d'autres termes, la partie évidée ne doit pas occuper toute l'étendue de la surface du disque, de crainte que le bois trop aminci sur les bords ne cède sous l'effort de la spatule avec laquelle on exerce une pression vigoureuse pour courber le cuivre. On donnera aux deux parties creuses la forme concave, qui peut être assimilée à l'empreinte laissée par un verre de montre qu'on forcerait par pression à pénétrer dans de la cire molle.

Ce moulage donne l'idée du creux concave régulier et poli que le tourneur ménagera sur chacune des deux faces parallèles de l'instrument.

Le centre du creux le moins profond sera de 0m,008. On ira jusqu'à 0m,010 sur l'autre face.

Ces deux courbures peu accentuées correspondent à celles qu'on remarque sur les plaques d'émail du n° 1 au n° 15.

C'est sur la dépression la plus accentuée qu'on emboutit les premiers numéros de cette série.

Le second appareil destiné à la même opération sera construit sur le même modèle, mais avec des dimensions doubles, sans augmenter sensiblement la profondeur des creux, car la convexité d'une plaque d'émail ne peut pas être exagérée, quelle que soit l'étendue de la surface à émailler.

Courbure du cuivre. — Recuit. — Filet.

Emboutir le cuivre, en termes d'atelier, c'est donner à la feuille la forme convexe. Mais le métal doit passer avant par différentes manipulations que nous allons faire connaître.

Il s'agit d'abord de relever la partie en excès qu'on a laissée en dehors du tracé de l'ovale et qui sert à former le filet ou le rebord de la plaque d'émail.

Ce filet qui retient, comme nous l'avons expliqué, l'émail pendant la fusion, donne en même temps plus de résistance à la forme et force le cuivre à conserver la courbure convexe qu'il contracte, quand la spatule en opère le laminage dans le creux de l'emboutissoir.

La feuille du cuivre écrouie et aplatie par les cylindres prend une certaine élasticité et une résistance telle, qu'une lame découpée dans le métal pourrait fonctionner comme un ressort d'acier.

On ne pourrait pas, par conséquent, le forcer, par la pression de la spatule, à prendre la courbure nécessaire.

Le métal rebelle aurait une tendance à revenir à sa forme première, et le bombage, qui pourrait cependant se faire dans ces conditions anormales, exigerait trop de temps et trop de fatigue.

Le métal élastique devient souple et malléable comme le plomb, sous la spatule, par l'opération du recuit, qui consiste à porter les feuilles de cuivre entières, et avant d'être découpées, dans le moufle chauffé au rouge sombre.

Le métal est retiré du four après quelques minutes et les ovales ne sont tracés et découpés qu'après le refroidissement lent du métal.

On peut ensuite avec toute commodité procéder au bombage des pièces qui n'opposent plus de résistance et qui gardent la courbure résultant du laminage qu'on leur fait subir à la spatule dans le creux de l'emboutissoir. Ce laminage à la main resserre les molécules du cuivre et lui rend une partie de l'élasticité qui lui est nécessaire pour supporter sous l'émail une haute température sans s'affaisser et sans se déformer.

Le filet que nous allons faire, et qui retiendra l'émail avant et pendant la fusion, contribue en grande partie au soutien de la forme pendant la vitrification.

L'exécution du filet qui limite la plaque d'émail et qui en assure la régularité précède le bombage. Il faut d'abord relever tout autour de l'ovale le cuivre en excès qui est en dehors du tracé.

Cette opération qui réclame beaucoup de précision serait d'une exécution difficile ou même presque impossible sans l'aide du calibre et surtout du biseau.

On applique le calibre sur le carré de cuivre où l'ovale est tracé et juste sur ce tracé.

Les deux pièces superposées sont prises alors et serrées dans les mâchoires d'un étau à main ou d'une forte pince, et l'on rabat à l'aide du brunissoir en acier poli le cuivre qui s'aplatit et qui se renverse sur l'épaisseur de la tranche du calibre; le métal ramolli par le feu obéit sans résistance et ne forme aucun pli, puisque la partie rabattue n'a jamais plus de $0^m,002$ à $0^m,0035$ qui représentent, suivant les mesures que nous avons indiquées, l'épaisseur des plaques de zinc qui ont servi à la confection des calibres.

Les calibres et le cuivre, toujours superposés, sont retirés et remis dans l'étau aussi longtemps qu'il reste une partie du métal à rabattre. Il faut veiller, dans ces déplacements, à maintenir les deux surfaces, pour que le cuivre ne soit replié que sur la ligne exacte du tracé.

On retire alors les pièces de l'étau et l'on dégage la forme en cuivre qui est en quelque sorte moulée sur le zinc.

Mais on doit, avant ce dédoublement, faire glisser, en pressant énergiquement, le brunissoir en acier poli autour de l'ovale pour accentuer la courbure et pour mettre le cuivre en contact parfait avec l'arête du zinc.

Cette dernière pression fixe définitivement la régularité de l'ovale, et le cuivre, mis à plat sur son rebord qui est en hauteur, laisse voir par le brillant de l'arête avivée par le brunissoir un ovale d'une rare perfection.

Nous sommes maintenant en présence d'une pièce qui, par ce premier travail, est représentée par un plateau de même forme, et qui est bordée comme un plateau ordinaire.

Mais ce bord qui, dans un plateau en laque de Chine, aurait une grande régularité sur l'arête qui en détermine la hauteur, n'a pas cette précision sur le cuivre que nous avons préparé. Le bord relevé formé par les 0^{m},002 ou 0^{m},003 de cuivre qu'on a laissés tout autour du tracé de l'ovale, reste irrégulier. La découpure au ciseau faite que par à peu près, manque de précision. Ce rebord n'a donc pas exactement la même hauteur sur tout le parcours de l'ovale.

L'épaisseur d'émail ne serait pas égale sur une plaque dont le filet ou la bordure s'élèverait sur un point et s'abaisserait sur un autre. Sans être fluide comme l'eau, l'émail en coulant cherche cependant son niveau.

L'égalité de la hauteur du filet, qu'on chercherait inutilement à amener par la régularité de la coupe, qui, même obtenue, ne se maintiendrait pas après le relèvement du cuivre, arrive d'elle-même par deux coups de lime quand le travail de la mise en forme est arrivé au point où nous en sommes.

Le cuivre est posé à plat sur une glace ou sur une feuille de zinc planée et épaisse, le bord relevé faisant face à l'opérateur.

Une lime fine et plate est alors passée sur le cuivre relevé. Quelques coups de l'outil poussé horizontalement enlèvent les parties qui dépassent, et comme sous une varlope, le métal s'abaisse et prend une hauteur égale, qui ne doit pas excéder $\frac{2}{4}$ de millimètre.

Nécessité du biseau dans la taille des calibres.

Pour nous suivre et pour bien comprendre ce travail qui est assez difficile à expliquer, le lecteur ne devra rien oublier de ce qui a été dit précédemment.

On a lu que dans la taille du calibre le métal n'est pas coupé dans une direction perpendiculaire, mais oblique. Nous croyons utile d'ajouter quelques explications supplémentaires pour éclaircir ce détail essentiel.

Si le calibre, en admettant qu'il fût de forme ronde et non ovale, était coupé sur un cylindre, la tranche enlevée à la scie présenterait un pourtour perpendiculaire aux deux faces de la tranche détachée du cylindre. Mais si cette tranche est prise sur un cône, son épaisseur sera moindre sur le côté qui se rapprochait davantage de la pointe du cône.

Si nous rabattons le cuivre en excès qui forme le filet ou le rebord, la partie relevée ne formera pas un angle droit, mais un angle aigu qui le fera incliner obliquement vers le centre de la pièce de cuivre.

C'est en appliquant la face la plus large du calibre sur le cuivre, que la partie qui déborde le tracé de l'ovale doit être rabattue et se porter vers le côté dont la surface est réduite de quelques millimètres.

Cette courbure oblique permet d'abord de laisser l'ovale dans les dimensions exactes que le tracé lui a assignées, et la courbure en avant, penchant vers le centre, oppose une résistance à l'émail en fusion qui s'arrête net quand il touche au filet qui le repousse.

Il nous reste maintenant à bomber l'ovale en cuivre sans troubler la régularité de la bordure qui nous servira d'auxiliaire dans cette dernière opération. Nous plaçons alors la forme en cuivre dans le creux de l'emboutissoir, la partie relevée en dessous. Le filet portant sur la surface concave du bois, y trouve un aplomb parfait; mais, quel que soit le numéro de l'émail, la surface plane du cuivre ne porte que sur les bords relevés sans toucher au fond de l'emboutissoir, qui est concave.

Il faut donc le forcer, par la pression de la spatule, à s'abaisser et à prendre la forme concave de l'appareil. Maintenu par le filet rigide qui trouve un point d'appui sur tout le pourtour de l'ovale, le cuivre s'abaisse peu à peu et finit par se mouler, par l'extension qu'il prend sous la spatule, sur la base concave sur laquelle il est pressé.

La courbure une fois donnée reste invariable. La partie creuse laminée s'est amincie, mais le filet restant intact ne permet plus à la feuille de cuivre de reprendre sa forme première.

C'est avec le côté recourbé de la spatule que le cuivre est attaqué. La pression, légère au début, doit être accentuée à mesure que le cuivre obéit à l'outil. Il n'est pas nécessaire de maintenir le cuivre juste au milieu du creux concave de l'emboutissoir. On le pousse au besoin vers le bord et c'est l'œil, en examinant la forme déjà prise, qui décide du point sur lequel le cuivre doit porter.

Ce qui est important, c'est de donner au métal une courbure régulière, et le résultat est inévitable si l'on suit ces instructions. On ne peut employer qu'une spatule polie comme une glace. L'outil brillant glisse sur le cuivre sans l'écorcher.

Le bout droit de la spatule doit affecter la forme de la partie d'une fourchette, celle qu'on tient dans la main, mais sans filet. C'est par ce côté qu'on attaque d'abord le cuivre pour lui faire prendre la courbure. Il ne faut que quelques minutes pour transformer la surface plane en surface concave.

Avec la plaque, ou mieux la forme perfectionnée, le métal ne touche à la terre réfractaire que par le filet qui en forme l'extrême bord. Ce point est important et capital.

Le cuivre prend, sous la spatule qui le lamine et qui le force à s'étendre, la forme concave de l'emboutissoir. Cette courbure manque d'assises.

Mais jusque-là la forme posée sur le filet ne s'applique pas et ne porte pas sur la base d'aplomb et de manière à toucher le plan qui doit le supporter par tous les points.

L'ovale, quoique bien fait et régulièrement bombé, se relève soit à droite, soit à gauche, suivant que le laminage à la spatule a exercé plus de pression sur un côté que sur l'autre.

Dans cet état, le cuivre serait dans des conditions telles que l'émaillage ne pourrait pas se faire. Cette déformation, qui peut être comparée à celle d'une feuille ovale parfaitement régulière, mais qui a une tendance à s'enrouler sur elle-même à mesure qu'elle sèche, est facilement corrigée par un coup d'adresse d'une exécution facile, mais qu'on ne trouverait pas sans explications.

La forme qui porte à faux sur la table de travail par le filet, la partie convexe en dessus, est pressée légèrement avec le doigt pour la forcer à s'appliquer sur tout son pourtour sur l'établi. On la maintient par le haut avec deux doigts et l'on passe la spatule en dessous, dans la partie opposée. On exerce alors une légère pression sur le haut avec les doigts et l'on soulève en même temps le cuivre avec la spatule.

La spatule est à ce moment retirée, et le cuivre, en retombant, comme un ressort détendu et brusquement sur la table, rend à la forme l'assiette qui lui manquait. La même opération est faite sur le côté opposé.

Nettoyage du cuivre avant l'émaillage.

Après les différentes manipulations par lesquelles nous l'avons vu passer, le cuivre n'est pas encore en mesure de recevoir la couche vitrifiable. Il nous reste à faire trois opérations pour l'y préparer.

Les formes sont jetées par douzaine dans une terrine en porcelaine allant au feu où l'on a versé un mélange d'eau et d'acide sulfurique.

Eau	400cc
Acide sulfurique.	100

On laisse le cuivre pendant deux heures en contact avec le bain. Faute de temps, ce décapage ne dure qu'une minute et l'on porte l'eau acidulée au point d'ébullition.

Au sortir du bain, les pièces sont rincées à l'eau fraîche et jetées ensuite dans une boite remplie de sciure de bois qui absorbe l'eau du lavage. On les essuie ensuite une à une.

Nous avons omis avec intention le premier décapage à l'acide azotique, qui se fait sur la forme, quand le filet a été relevé au brunissoir et avant d'emboutir.

Les pièces sont plongées dans un vase plein d'eau acidulée à 1 pour 100 d'acide azotique. Chaque forme retirée de ce bain est frictionnée avec une brosse à ongles, trempée dans du grès fin, passé au tamis n° 100. Le décapage n'est arrêté que lorsque la pièce a pris le brillant du métal et qu'il ne reste plus trace d'oxyde, si le laminage du cuivre remonte à quelques mois. Chaque pièce est mise dans l'eau fraîche après ce polissage et, quand le tout a passé par le grès et la brosse, on retire les formes en masse, pour les sécher dans la boîte à sciure de bois.

Ce premier nettoyage, qui met le cuivre à vif, permet à la spatule de glisser facilement sur le métal et de le forcer à prendre plus aisément la forme convexe.

La spatule n'est pas un outil ordinaire. C'est l'âme de l'émaillage. Le brillant de l'acier doit être entretenu avec un soin extrême. La moindre tache de rouille formant piqûre rendrait l'instrument impropre au travail. La meule et un second polissage réparent l'accident. L'outil ne peut être passé que sur un cuivre net et luisant où il glisse sans mordre.

Voilà les raisons qui rendent nécessaire le décapage à l'acide azotique et au grès.

Mais ce n'est pas tout. On ne commence l'émaillage qu'après une dernière friction à la brosse dans une eau chargée de savon. Dès lors la plaque rincée à l'eau fraîche, puis essuyée, peut être chargée de pâte.

CHAPITRE III.

Outillage spécial.

L'émaillage d'une plaque comporte les onze opérations que nous allons décrire, mais nous ne pouvons pas commencer le travail sans avoir sous la main les éléments indispensables et tout prêts pour cet usage.

Sur une table propre et essuyée, et dans une pièce séparée et loin du fourneau, on placera à la portée de la main les produits et les accessoires qui suivent :

Une précelle;
Deux spatules;
Une pointe en acier;
Un flacon de gomme adragante;
Un support à main;
Un bâton de cire à modeler;
Une loupe;
Deux ou trois soucoupes:
Un tamis étroit n° 110;
Un tamis étroit n° 120;
Quelques plumes taillées sans fente;
Des chiffons propres en toile usée.

On pose, d'autre part, sur une table séparée et à la portée de la main :

Des rondelles en terre réfractaire;
Des fragments de rondelles;
Un vase avec pinceau.

La première table où l'émailleur est assis, porte une échancrure profonde et assez large pour permettre à l'ouvrier de se porter en avant.

Le support à la main peut être une bobine à fil dévidée. On applique sur l'un des côtés une boule faite aux doigts de cire à modeler sur laquelle on fixe par une légère pression l'émail inachevé.

La solution de gomme adragante se prépare en laissant macérer dans l'eau pendant quelques jours de la gomme adragante en poudre, en ayant soin d'agiter le flacon de temps en temps.

Le liquide ne doit être ni trop épais ni trop clair. L'eau est assez chargée de gomme quand elle a l'apparence d'un sirop clair.

On filtre au papier la quantité nécessaire au travail de la journée.

Le vase que nous avons placé sur la seconde table contient une bouillie épaisse de kaolin dans l'eau ordinaire.

Les émailleurs remplacent le kaolin par l'oxyde de fer, c'est-à-dire le rouge anglais. Cet oxyde est nuisible dans l'émaillage en blanc. Il peut tacher la pâte.

C'est avec la bouillie de kaolin (argile blanche) que les rondelles réfractaires sont couvertes et séchées ensuite près du fourneau. Il est absolument nécessaire que la dessiccation soit complète.

Sans cette couche préservatrice, les plaques d'émail s'attacheraient sur la rondelle sans qu'il fût possible de les en séparer après la fusion.

Le kaolin humide sur les rondelles, surpris par le feu, serait projeté dans le moufle et se répandrait en pluie sur l'émail. Ce produit, qui n'est pas fusible, y produirait des désordres irréparables. Il est prudent de badigeonner les plaquettes réfractaires, la veille, et de les passer au moufle le lendemain avant de les employer.

Le feu, en séchant la couche, donne plus de résistance à la terre réfractaire qui est très fragile.

Nous nous sommes bornés jusqu'à présent à triturer l'émail dans le mortier en bois avec le pilon en acier trempé, et nous avons recueilli à travers deux tamis le résultat de la pulvérisation à l'état sec. Cette double opération de blutage nous a donné l'émail 110 et l'émail 120, et nous avons continué à réduire en poudre les fragments qui étaient trop gros pour traverser la toile 110.

Le n° 110 indique le grain d'émail le plus fort et le n° 120 le plus petit. Il nous manque encore ce que nous appelons le *limon* ou le résidu presque impalpable qui se produit dans la trituration et dans les lavages par lesquels la pâte brute doit passer, et qui provient aussi du grain 110 qui doit, par une nouvelle trituration dans un mortier en verre, être diminué de grosseur et pouvoir traverser le tamis 120.

L'émail n° 120 est mis dès la veille dans un cristallisoir et mieux dans un bol en porcelaine blanche. La couleur blanche est utile. On verse sur le produit de l'eau pure à laquelle on ajoute 25 pour 100 d'acide azotique. L'émail peut rester longtemps sous l'eau acidulée dans un vase fermé. mais il vaut mieux l'en retirer après douze heures pour le laisser dans l'eau pure.

L'acide azotique débarrasse les grains d'émail des corps étrangers organiques et des particules métalliques provenant de la trituration et de l'emploi du pilon d'acier.

Il s'agit, après, de transvaser l'eau acidulée dans un cristallisoir et de laver l'émail en renouvelant l'eau jusqu'à réaction neutre.

Un papier au tournesol trempé dans la dernière eau de lavage ne doit pas s'y teinter en rouge.

L'acide et les eaux de lavage qui sont laiteuses et chargées d'émail infiniment divisé sont mises à part.

Au bout d'un quart d'heure, la poudre blanche en suspension se dépose et donne le limon qui sert dans l'application de la première couche d'émail. Le limon est lavé avec les mêmes soins que l'émail en grain.

On laisse sous l'eau ce qui n'est pas employé le jour même.

Comme dernier soin, on épluche l'émail à l'aide d'une plume d'oie taillée comme nous l'avons dit.

Pour ce faire, on prend à part, dans un vase de porcelaine blanche (un bol, par exemple), une partie de l'émail qui a passé par l'acide et par les lavages. On le reprend à l'eau pure et l'on agite la masse avec un agitateur en verre en lui imprimant un mouvement de rotation. Il se forme un tourbillon en forme d'entonnoir. On pose alors à plat sur le liquide une spatule en bois qui arrête brusquement le mouvement giratoire.

Toutes les impuretés qui tournoyaient dans l'entonnoir formé par l'eau, sont arrêtées subitement et se déposent, réunies en mouches noires, au centre précis de la soucoupe. L'eau est projetée en dehors vivement. Ce mouvement brusque entraîne en dehors tous ces corps étrangers. Exécuter ce tour de main s'appelle *taper l'émail.*

On recommence deux ou trois fois la même manœuvre et l'on se borne ensuite, après avoir changé l'eau, à tourmenter l'émail dans la soucoupe pour amener à la surface les derniers restes de matières hétérogènes, dont il faut se débarrasser adroitement.

L'émail très lourd, soulevé par le mouvement imprimé par l'agitateur, retombe instantanément au fond du vase.

On incline alors le bol pour amener sur le bord le liquide qui tient en suspens les corpuscules qu'il s'agit d'éliminer.

On incline le vase par étapes mesurées en imprimant, quand il le faut, un mouvement inverse, c'est-à-dire en arrière, à la nappe d'eau qui reprend ainsi, comme la vague sur le sable, une partie des détritus qu'elle a laissés en arrière. Les impuretés se montrent nettement, sous forme de poussière grise sur le blanc mat de l'émail. Une secousse brusque imprimée au vase projette l'eau en dehors ainsi que les corpuscules étrangers qu'elle a entraînés vers le bord.

On termine en ne versant qu'une très petite quantité d'eau sur le grain. On imprime alors un balancement lent tantôt à droite, tantôt à gauche, en amenant peu à peu le liquide vers le bord. Les derniers vestiges de poussière quittent l'intérieur du vase en laissant l'eau s'écouler en dehors sous une inclinaison suffisante pour que le liquide s'écoule de lui-même sans être projeté. On facilite sa sortie en le portant par un mouvement régulier alternativement à droite et à gauche, en accentuant à mesure l'angle d'inclinaison.

Il n'y a rien d'exagéré dans ce qui précède. Si l'on ne consent pas à suivre strictement ces règles, il est inutile d'entreprendre la fabrication de la plaque d'émail. Si la matière vitrifiable n'est pas pure dans l'acception la plus rigoureuse du mot, des insuccès sans nombre arrêteront l'émailleur dès le premier pas.

Malgré tout ce qui vient d'être fait, l'émail en grain n'est pas encore suffisamment épuré.

Les lavages et la projection du liquide hors du vase ont débarrassé l'émail des matières solubles et des corpuscules plus légers que les grains de pâte. L'acide a d'autre part dissous les corps métalliques qui pouvaient s'y rencontrer, mais certains corps durs, aussi lourds que la pâte et que l'eau n'a pu faire monter qu'accidentellement à la surface, restent encore mêlés aux grains. Ces corps étrangers qui tranchent en noir sur l'émail, que la loupe fait voir, s'ils échappent quelquefois à l'œil nu, formeraient des taches noires sur la plaque d'émail. Ces taches, qui sont un vrai fléau, ne peuvent s'enlever qu'à la pointe sèche après la fusion, en perçant la couche jusqu'au cuivre. Il s'ensuit alors un replâtrage difficile qui altère la pureté de la surface de l'émail. La lime et le grès ne font pas toujours disparaître le défaut. On en est réduit, après le polissage, à couvrir la plaque d'une nouvelle couche qui alourdit la pièce.

Il est donc nécessaire, indispensable, de purger le grain de ces impuretés.

On les enlève une à une avec la plume d'oie taillée en pointe, et encore avec un pinceau fin qu'on humecte légèrement et qui entraîne ces points noirs qui se collent sur le poil.

Il peut se faire qu'en lisant ce livre quelques émailleurs trouvent ces soins exagérés. Nous ne leur conseillons pas dans ce cas d'entreprendre l'émaillage en blanc, même dans le travail courant de leur partie, mais surtout en vue de la production de la plaque d'émail photographique.

L'émail prêt à servir doit être renfermé dans des vases couverts et mis à l'abri de la poussière.

La propreté la plus scrupuleuse doit régner sur la table qui sert à l'émaillage en blanc. Tout ce qui pourrait altérer le produit en est écarté. Les plaquettes réfractaires et les fragments qui supportent les plaques pendant la vitrification sont placés à part sur une table voisine.

Les tamis ne peuvent être posés sur la table où l'on travaille que sur des feuilles de papier blanc sur lesquelles on peut distinguer ce qui pourraît être tombé accidentellement sur l'émail.

Après chaque tamisage, l'émail qui ne reste pas sur la plaque est repris sur la feuille de papier et mis à part pour être épluché, au besoin, avant de servir à la couverture d'une autre plaque. On épuise d'abord le stock qu'on a mis à part pour le travail de la journée. Ce qui n'a pas été employé pour les opérations est réuni dans un même vase pour être inspecté le lendemain.

L'émail en grain mis au pinceau et à la spatule ne s'emploie pas à l'état sec.

Le pinceau en poil de sanglier ne sert qu'à passer

le limon, à donner une première couche au recto et au verso de la plaque.

La poudre blanche qui n'est pas un peu grenue est délayée dans un peu de gomme adragante liquide, préparée comme on l'a vu. On en forme une bouillie assez épaisse qu'on applique d'abord sur le revers de la forme en cuivre pour faire le contre-émail.

L'émail n° 120, qui est posé à la spatule, est mis dans une soucoupe, et l'on verse en proportion restreinte de la gomme adragante liquide.

Ce n'est pas une pâte liée que la spatule doit enlever. Les grains restent indépendants les uns des autres. Il n'y a pas de liaison, et nous allons voir que la surface de l'émail modelée à la spatule à la seconde couche réclame une certaine adresse.

L'émail 120 est donc étendu sur la forme en cuivre, tantôt avec la spatule, tantôt à l'aide du tamis.

On réserve un quart de cet émail que l'on fait sécher près du fourneau, à l'abri de la poussière, dans un plateau en cuivre, et que l'on dépose dans un vase fermé qui a sa place sur la table où l'émailleur est assis. C'est à cette réserve qu'il puise à mesure pour remplir au quart les deux petits tamis n° 120 qui servent à poser la couche sèche.

Ces préliminaires posés, nous pouvons commencer la première plaque d'émail.

Couverture.

On badigeonne le plus régulièrement qu'on peut le verso, c'est-à-dire la partie concave du cuivre. La couche qui se fixe sur cette partie se nomme *contre-émail*. La plaque qui ne serait émaillée que sur une face se fendillerait au feu.

Le cuivre est alors posé sur une feuille de papier blanc, puis saupoudré avec le petit tamis 120. Il faut, en distribuant l'émail, veiller à la régularité du poudrage et lui donner partout la même épaisseur. On évitera de prodiguer l'émail. Une pluie légère suffit pour cette première couche qui, passée au feu, ne sera ni brillante ni serrée. Les grains s'uniront les uns aux autres sans former nappe. C'est tout ce qu'il faut attendre pour le moment. La surface fondue offre l'aspect d'un papier chagriné fin.

Cette double opération est répétée sur une douzaine de formes.

On reprend ensuite les pièces une à une. Le cuivre est ensuite retourné. La partie convexe fait face à l'émailleur; mais la forme doit être posée délicatement sur la feuille de papier. Le contre-émail, qui n'est ni sec ni fixé par le feu, se détacherait à la moindre secousse.

Quand la série mise en train a passé par ces premières manipulations, les pièces délicatement soulevées à l'aide d'une pointe fine et aplatie, sont placées par quatre ou par six sur les rondelles réfractaires. Elles ne posent pas à plat sur le support.

La partie convexe étant naturellement en dessus, on fait porter le filet de l'ovale sur trois carrés de 0m,01 de surface taillés à la scie dans une plaquette réfractaire, passée la veille au kaolin, nous avons dit pourquoi.

Les plaques d'émail sont renfermées avec les supports dans une étuve chauffée, qui peut être une armoire installée près du fourneau. Elles sèchent dans une demi-heure, et l'on emploie ce temps à couvrir d'autres formes.

Une plaque qui serait introduite dans le moufle sans être complètement sèche, serait infailliblement perdue. L'émail humide, surpris par la chaleur, serait projeté en tout sens, avec un crépitement particulier, sur tous les points du moufle, et il suffirait d'une seule plaque humide pour entraîner la perte de celles qui seraient placées sur le même support.

Il faut en toute circonstance porter la rondelle de terre réfractaire sur le rebord du fourneau, et n'introduire les pièces dans le feu que lorsque les vapeurs ne se dégagent plus et qu'on a la certitude que l'émail est sec.

La moindre négligence peut entraîner de graves accidents. On évitera surtout de rapprocher d'un seul coup l'émaillage qui n'est pas sec trop près de la bouche du fourneau. L'accident précité pourrait tout aussi bien se produire en dehors du moufle. On prévient le soulèvement et les projections en augmentant graduellement le degré de chaleur de la pièce à vitrifier en la rapprochant peu à peu du foyer ardent.

Il ne faudrait pas être surpris, si l'on ne prenait pas les mesures que nous indiquons, de sortir au premier feu des surfaces couvertes de piqûres. Quand la couche d'émail cru n'a pas atteint le point de siccité voulue, la projection dans le moufle n'est pas générale; mais, si l'on prête l'oreille, on entend de temps en temps un bruit sec qui est produit par la désagrégation de quelques parties de la surface.

Si l'on retire alors la pièce du feu avant la vitrification, on remarque, sur la surface émaillée que le feu a noircie en carbonisant la gomme adragante, des creux en forme d'entonnoir qui sont la cause de ces piqûres dont on ne se rend pas compte. Cet accident est si fréquent et si subtil que nous croyons utile d'attirer l'attention de l'émailleur sur ce point délicat.

L'émaillage est un art aussi capricieux que la photographie au collodion.

Mais les incompatibilités du collodion avec le bain d'argent et de l'émail dans ses rapports avec le feu ne sont qu'apparentes. Il ne s'agit au fond que de remonter à la source du mal et d'en rechercher la cause qu'on trouve infailliblement si l'on veut s'en donner la peine. Un livre est, par ses explications, toujours utile au lecteur qui a l'imagination paresseuse.

Ce premier feu ne doit pas être poussé à fond. Si les plaques en sortant du moufle offraient une coloration verte, le point de fusion de l'émail aurait été dépassé. La fusion sera convenable si l'émail resté blanc sort brillant du feu tout en présentant une couche légèrement grenue. Les aspérités disparaîtront au deuxième émaillage.

Après le premier feu, l'émail est déroché à l'acide sulfurique. Mais il faut préalablement examiner chaque pièce et voir si l'émail et le contre-émail ont adhéré par la fusion sur le cuivre sans laisser de parties découvertes.

Il arrive souvent des accidents sur le métal mal décapé et même sur le cuivre qui a passé par un nettoyage irréprochable. La couche se replie sur elle-même au cours de la fusion et laisse le métal à nu, surtout au revers sur le contre-émail, où la substance vitreuse n'a pas comme en dessus le cuivre comme base et soutien.

On met à part les pièces défectueuses qui peuvent toujours être réparées après le premier feu, soit que la couche d'émail ait une solution de continuité, soit que des *bouillons* se soient produits à l'endroit ou au revers de la plaque.

On appelle *bouillon* le point en hauteur qui s'est formé sur la couche. L'émail en fusion ne s'attachant pas sur le cuivre s'est soulevé. Il suffit d'un grain de matière infusible mélangé à la pâte pour amener ce désordre. Ce grain, quand il est blanc, trompe l'attention et l'œil de l'émailleur, même dans l'examen qu'on fait à la loupe.

Il faut en outre enlever les points noirs qui peuvent se trouver sur la surface de l'émail et qui sont inévitables si l'on n'a pas mis tous ses soins à les faire disparaître jusqu'au dernier, en épluchant une dernière fois le grain à la loupe.

Le pointillé noir peut provenir encore du coke. Un éclat, ce qui est fréquent dans une fournaise incandescente, peut être projeté dans le moufle et retomber sur l'émail en fusion où il se fixe.

C'est pour éviter ces désordres que nous recommandons l'emploi du moufle fermé dans la fabrication des plaques.

Les émailleurs, en général, préfèrent le moufle ouvert qui donne un feu plus vif et plus facile à remonter promptement quand il baisse. Ils n'ont pas tort puisqu'ils émaillent la plupart du temps avec des matières colorées où ces légers défauts sont peu apparents. Mais nous ne devons pas oublier que sur une plaque d'émail photographique un point noir enlève toute la valeur à la pièce.

Nous dirons encore que les émailleurs soigneux

changent le combustible quand il leur arrive, ce qui est fréquent, à passer au feu des pièces blanches.

Ils chargent alors l'appareil à vitrifier avec du coke de four.

Le coke de four, qu'on trouve assez facilement à Paris, mais seulement dans les grands dépôts de charbon, est le produit qui adhère aux cornues et qui s'y incruste dans les usines à gaz. C'est le corps dur et noir qu'on taille et qui sert de pôle positif aux piles de Bünsen et qui, scié en baguettes carrées ou cylindriques, est employé dans la production de la lumière électrique.

Ce coke spécial n'a pas, à l'état brut, une valeur beaucoup plus grande que le coke ordinaire, mais il a sur ce dernier l'avantage de se maintenir beaucoup plus longtemps sans se consumer et de brûler sans flamme, sans pétillement et sans projection.

Ce combustible est le meilleur, sous tous les rapports, même en employant le moufle fermé. On n'est pas obligé de remonter continuellement le feu et souvent d'attendre le degré de température convenable pour porter les pièces dans le moufle.

Il n'y a pas d'autres moyens d'enlever les points noirs que de les faire sauter à la pointe sèche. L'instrument dont on se sert est le burin à quatre pans du graveur qui taillé et affuté en biseau a pour pointe un des angles du carré fuyant qui le termine.

Une pointe quelconque ne donnerait pas les mêmes commodités. Ce burin doit être en acier pur et d'une trempe sèche.

Comme l'instrument est de première nécessité, nous devons indiquer le moyen le plus simple de durcir l'acier. Il ne faut pas craindre de lui communiquer une trempe trop sèche, l'émail quoique très dur n'offre pas assez de résistance pour érailler la pointe.

La pointe de l'outil, chauffée au rouge cerise au chalumeau ou dans le four, est plongée sans temps d'arrêt dans l'eau à 25°. Le recuit utile pour l'aiguille des fusils et les armes blanches ramollirait trop le burin qui n'a pas besoin d'élasticité. Passée dans l'eau froide, la pointe serait trop cassante.

Sous la première couche d'émail, la forme n'oppose qu'une faible résistance. On aura soin en attaquant l'émail jusqu'au cuivre, qui doit être nu, de ne pas percer le métal. On évitera surtout de le déprimer, sous peine de perdre la pièce.

Pour enlever le point noir incrusté dans la pâte tout en ne touchant à la surface que le moins possible, on appliquera la pointe triangulaire à côté du point en exerçant une pression droite pour faire pénétrer l'acier dans la couche, on inclinera alors le burin qui sera relevé brusquement sous un angle très aigu et qui ne détachera qu'une écaille imperceptible. L'émail attaqué à la pointe ne doit pas porter sur la surface dure de la table, mais sur un chiffon ramassé en boule qui, pénétrant dans la partie concave de la forme, opposera quelque résistance au burin et empêchera la surface convexe de prendre sur le point attaqué la courbure inverse.

Les parties du cuivre mises à nu seront rebouchées en même temps que les solutions de continuité seront reprises.

Mais on ne peut pas rapporter de l'émail sur la plaque sans un nouveau décapage. L'émail, c'est de règle, doit être nettoyé à fond (cuivre à jour et surface émaillée) chaque fois qu'il passe par le moufle, si une addition de pâte nécessite un autre passage au feu.

Le décapage doit donc être fait et sur les pièces défectueuses et sur les pièces réussies pour aviver le filet de ces dernières, car la bordure, même sur une plaque terminée, n'est jamais recouverte d'émail. Il convient, même après ce premier feu, d'enlever avec une lime douce les particules d'émail qui se seraient fixées sur le filet et qui prendraient de l'extension quand la seconde couche sera vitrifiée.

On jette les plaques dans un cristallisoir plein d'eau acidulée à 25 pour 100 d'acide sulfurique et on les frictionne en tous sens avec une brosse à ongles pareille à celle qui nous a déjà servi, mais sans employer le grès en poudre.

Quand les plaques ont été passées à l'eau fraîche et après qu'elles ont été essuyées, on bouche les trous de surface en y rapportant de l'émail avec une spatule fine, qu'on fait soit-même en aplatissant le bout d'un fil de cuivre de $0^{m},001$ ou $0^{m},002$ de section, et l'on étend l'émail avec la spatule ordinaire en le forçant d'abord à pénétrer dans la partie creuse et en égalisant ensuite la place avec la même spatule.

Les solutions de continuité sont réparées en suivant la méthode qu'on a lue plus haut; mais il est bon, dans ce cas, de couvrir de nouveau toute la surface comme si l'émail manquait partout. Les pièces réparées repassent au moufle quand les retouches sont sèches. On les range avec les autres plaques, pour recevoir comme ces dernières la seconde couche d'émail.

Seconde couche d'émail.

Cette couche, posée après le premier feu, peut être la dernière si l'on a la main légère et assez familiarisée avec la spatule, et si l'on est capable, en un mot, d'étendre l'émail en grain uniformément et sans ondulation, de manière à poser sur la surface convexe du cuivre un revêtement régulier imitant exactement l'égalité de surface qu'on observe sur une coquille d'œuf. Il serait difficile de trouver un point de comparaison plus exact. Le travail de la spatule doit être poussé jusqu'à cette limite.

On en comprendra l'absolue nécessité si l'on considère que l'émail en fusion n'a pas la fluidité d'un sirop épais, dont une goutte posée sur une surface plane s'étend régulièrement pour prendre, après refroidissement, une courbure naturelle et brillante. L'émail en fusion reste sur place et ne s'étale pas. Il est très utile de se pénétrer de ce fait.

Ce serait donc peine perdue d'entasser sur le milieu de la forme une quantité suffisante d'émail dans l'espoir que la matière fondue se répandrait en nappe sur toute la surface du cuivre.

Le dépôt d'émail resterait fixe sans se déverser ni à droite ni à gauche. Il se fendillerait en tous sens par suite de sa trop grande épaisseur.

Étaler avec régularité une couche d'émail en grain sur la surface bombée de la forme n'est pas une opération aussi simple qu'on pourrait le supposer.

L'émail en grain, quoique additionné de gomme adragante qui donne du liant à la pâte et qui empêche la couche de se désagréger avant la fusion en déplaçant les plaques, ne se modèle ni comme le mastic du vitrier, ni comme la terre glaise de l'artiste ou la cire à mouler. Ces matières, très finement broyées et pénétrables à l'eau ou à l'huile, prennent sous la spatule et sans aucune difficulté la forme qu'on leur donne. La courbure une fois obtenue, rien n'est plus facile que d'en égaliser la surface, puisque la matière a du liant et une certaine fixité qui favorise le travail de la spatule.

Si peu adroit que l'on soit, on remplit un creux par une pression légère qui déplace la matière plastique, et il suffit de laisser glisser l'instrument pour supprimer les ondulations.

La pâte formée par l'émail en grain est loin d'avoir les mêmes qualités plastiques. Il faut beaucoup d'adresse pour l'étendre et pour la travailler.

Et, en effet, la matière vitreuse dont le broyage est incomplet n'est pas pénétrée par l'eau gommée. Chaque grain reste indépendant. La gomme adragante ne fait qu'empêcher le grain de s'écarter des grains qui l'avoisinent. La cohésion est incomplète et même insuffisante, comme nous allons le voir, mais il n'y a pas d'autres moyens d'opérer.

Ce défaut de liaison de la pâte entraîne des soins incessants. L'émail, qui n'est que posé sur le cuivre poli, n'y contracte aucun point d'attache. Un mouvement faux et incorrect, quoique délicat, déplace non seulement l'excès que la spatule veut déplacer pour combler une dépression voisine ou pour niveler une ondulation, mais toute la masse se déplace et le cuivre est remis à nu sur la partie où l'instrument a porté.

Nous allons expliquer les tours de main qui peuvent aider à surmonter ces difficultés qui sont réelles et qu'il faut connaître, car le débutant serait bientôt découragé s'il restait livré à lui-même.

Avant d'appliquer la seconde couche, l'émail est frictionné au recto et au verso avec un chiffon imbibé d'alcool et trempé ensuite dans la pâte en grain.

Cette friction a pour but de rafraîchir le cuivre. Elle le dégage en même temps et de la poussière et des matières grasses qui auraient pu lui être communiquées par le contact des doigts.

On procède une seconde fois comme nous l'avons expliqué dans la première application de l'émail sur la forme.

On barbouille d'abord le contre-émail au pinceau avec le limon et on le saupoudre au tamis avec le grain n° 120.

A l'aide de la spatule, cette première couche est étendue avec toute la précision dont on est capable.

Nous n'opérons pour le moment que sur le contre-émail. Avant de doubler le limon déjà saupoudré par une couche supplémentaire d'émail posé et étendu à la spatule, le cuivre est fixé par le recto, c'est-à-dire par le côté convexe sur le support à main qui, sous tous les rapports, peut être remplacé par une bobine à fil dévidée.

Un appareil spécial ne donnerait pas de plus grandes commodités.

On façonne, en la pétrifiant sous les doigts, une boule en cire à modeler de la grosseur d'une noix ordinaire. Cette boule est assujettie par pression sur un des bouts du support. L'autre, restant libre, trouve son aplomb sur la table de travail.

On presse ensuite l'émail sur la cire par le côté convexe où il se fixe assez solidement pour permettre l'émaillage.

La bobine restée libre sur l'établi est alors prise par la main gauche et à pleine main.

La spatule, qu'on tient dans la droite, prend alors l'émail n° 120 qui a été versé dans une soucoupe et qu'on a mouillé avec la solution de gomme adragante.

Il est très important de ne pas trop charger la spatule et surtout de ne pas chercher à former le contre-émail pour ainsi dire d'un seul coup. On perdrait sa peine et son temps.

On ne réussira qu'autant que l'émail ne sera placé par la spatule que par petites quantités à la fois et sous peu d'épaisseur. On commence par déposer la pâte vers le haut du grand axe de l'ovale en juxtaposant la matière par petits tas se touchant les uns les autres. Toute la plaque doit être recouverte en se conformant strictement à cette manœuvre. Il n'y en a pas d'autres.

Il est clair que ces dépôts successifs, tout en ne

laissant à nu aucune partie du cuivre, sont incapables de former une couche régulière. A ce moment même, et il n'est pas inutile de le dire, le jeu de la spatule, quelque habileté qu'on ait pour la diriger, n'arriverait pas à unir la couche si un tour de main n'intervenait pas pour abaisser les élévations et pour forcer l'émail à s'étendre en nappe régulière. La difficulté n'est pas là.

L'émail sur le support étant tenu d'aplomb dans la main gauche, ou appuyé sur l'établi maintenu par les doigts, on frappe légèrement quelques coups secs sur le milieu de la bobine. A la suite de cet ébranlement, les grains qui sont toujours libres et que la gomme adragante ne lie pas, s'écartent d'eux-mêmes et les apports successifs et irréguliers de la spatule s'affaissent et se confondent.

A ce moment, l'eau gommée remonte à la surface à mesure que l'émail, qui est très lourd, s'assied, et la surface concave se montre unie comme une glace.

Malheureusement, ce résultat n'est qu'apparent et nous serons forcés de troubler cette surface en poursuivant l'opération.

Emploi des chiffons de toile souples et usés.

C'est à partir de ce moment que la difficulté commence et que l'opérateur doit donner toute son attention aux instructions qui vont suivre.

Il est, dans l'émaillage, une règle dont il ne faut jamais s'écarter. On ne peut pas unir une couche d'émail mouillée. Ce n'est qu'à l'état humide que la pâte obéit à la spatule.

Le premier soin, après avoir égalisé la couche comme il vient d'être dit, c'est d'enlever adroitement toute l'eau gommée qu'on peut extraire du creux du contre-émail. Il ne faut pas oublier que nous ne nous occupons pour le moment que de la couche qui doit recouvrir la face concave.

On n'y arriverait pas en inclinant l'émail. Au moindre mouvement fait dans ce sens, la couche entière suivrait l'inclinaison donnée et s'amasserait sur le bord du cuivre. L'opération serait à recommencer.

On enlève l'excès d'eau en appliquant perpendiculairement et avec précision un carré de toile propre sur le creux de l'émail et en le forçant à en prendre la forme sous la pression de deux ou trois doigts, suivant les proportions de la plaque.

Nous avons dit un chiffon en toile. Le coton n'a pas la même propriété d'absorption que la toile.

Le chiffon, qui doit être en tissu souple et usé mais ne pluchant pas, est replié trois ou quatre fois sur lui-même, en vue de la plus grande quantité de liquide qu'il peut enlever par un premier contact.

A chaque contact l'émail est plus ou moins déplacé dans le creux et il importe d'éviter les causes réitérées de trouble.

Si l'on ne prend pas de grands soins au moment de relever la toile, qui ne doit glisser ni à droite ni à gauche, mais qu'il faut enlever perpendiculairement comme elle a été placée, la couche presque sèche sera infailliblement entamée. Nous répétons encore une fois que rien ne lie les grains entre eux et que la moindre secousse les désunit même à l'état humide.

Si vous voulez réussir, commencez par être persuadé qu'il n'y a rien d'exagéré dans ces instructions.

Manœuvre de la spatule.

Cet outil fort simple n'est pas d'un maniement facile. Il faut cependant arriver à s'en servir adroitement. Ce n'est qu'après des essais réitérés et persévérants que la main se fait au spatulage. Le mouvement à communiquer à la spatule n'a cependant rien d'extraordinaire en soi. Il faut s'en rendre maître une fois pour toutes, et l'on est tout étonné ensuite de la maladresse qui a présidé aux premières tentatives.

Il ne faut que peu d'adresse pour guider l'outil du moment qu'on en a saisi le jeu. La manière de s'en servir sera acquise en quelques heures si l'on veut prêter quelque attention aux éclaircissements précis, que nous nous efforcerons de rendre tangibles, en quelque sorte, en décrivant l'opération dans ses moindres détails, au risque d'être ennuyeux. Mais cela importe peu, si nous arrivons à nous faire comprendre en décrivant des mouvements qui seraient saisis en un clin d'œil si l'on nous voyait à l'œuvre.

Nous avons vu que la spatule ne devait glisser que sur la pâte humide. Trop mouillé, l'émail obéit, mais le grain se déplace et ne reste pas fixe aussitôt que la spatule est relevée.

A l'état sec, le souffle suffit pour désagréger la couche mise en place, et le glissement de la spatule, quelque brillante qu'en soit la surface et la délicatesse du toucher, déplace la matière vitreuse sans pouvoir l'étendre en nappe régulière.

On ne spatule la pâte qu'après en avoir épongé presque toute l'eau gommée libre entre les grains pour n'y laisser que le liquide qui humecte ces mêmes grains et qui fait qu'ils ne sont pas tout à fait à l'état sec. Il convient d'agir assez vivement après avoir épongé la surface avec la toile, et de ne pas oublier que le grain d'émail, étant impénétrable à l'eau, sèche promptement quand le liquide en excès a été absorbé par le chiffon.

A ce moment, ce n'est pas le côté le plus recourbé de l'instrument qui est chargé d'étendre la pâte, mais celui qui représente le côté d'une cuiller à bouche qu'on tient dans la main.

C'est la partie plate de ce côté faiblement relevée qu'on passe légèrement sur l'émail et qui doit y glisser en effleurant à peine la surface de la couche. Toute touche qui n'est pas régulièrement conduite et dirigée suivant la courbure et d'une extrémité à l'autre sans temps d'arrêt, creuse la couche et détruit le travail fait préalablement.

Au début et après que l'émail a été épongé une première fois, le travail à la spatule n'est rien moins que facile, mais il reste cependant assez d'eau dans la couche pour réparer les irrégularités de surface résultant d'un soubresaut imprimé accidentellement à la spatule.

On ramène l'ordre en frappant, comme nous l'avons déjà fait, quelques petits coups secs sur la bobine qui sert de support à l'émail, et l'eau qui est encore en excès en remontant à la surface répare le désordre et régularise la couche sans le secours de l'instrument.

Le chiffon qui sert de buvard est appliqué deux ou trois fois sur la couche, puis relevé avec les soins que nous avons déjà fait connaître. A chaque fois, la spatule est passée pour ramener le grain qui s'est attaché au chiffon et qui laisse des creux dans la couche. Mais ce n'est pas en faisant agir l'acier poli sur les parties voisines de celles où l'accident s'est produit qu'on peut corriger les défauts. La spatule, dans ce cas, doit être appliquée sur l'extrémité de la plaque, et l'émail poussé par l'acier finit, après trois ou quatre reprises, par une poussée régulière, à combler les vides. On peut encore prendre un peu d'émail sur la petite spatule faite d'un fil de cuivre aplati; cet émail est posé dans les creux, puis étendu avec l'outil ordinaire.

Il faut veiller, au cours de ces opérations, à maintenir l'émail sans secousses sur le support. Un mouvement trop brusque pendant et après l'émaillage détruirait le travail fait précédemment.

Le côté recourbé de la spatule sert à terminer l'émaillage quand la couche a été épongée deux ou trois fois.

L'émail alors privé d'eau n'est plus qu'à l'état humide. Les coups secs frappés sur la bobine produiraient un effet inverse sur la couche. Au lieu d'unir la surface, la secousse désagrégerait la couche et l'émail glissant sur le métal se porterait en masse vers le centre de la courbure. N'oublions pas qu'il s'agit encore du contre-émail. L'opération sur la face convexe est du reste conduite en tout point de la même manière.

Mais qu'il s'agisse de traiter la face concave ou la face convexe, la spatule, dans les deux cas, ne doit toucher la couche que par le centre de la partie courbée en arc de cercle. Il ne faudrait, dans aucun cas, renverser l'outil pour faire glisser la face cintrée, même en couvrant le côté bombé.

A la suite de ces opérations régulièrement conduites, le contre-émail est à peu près terminé. Ce côté n'exige pas une régularité parfaite, puisque l'épreuve photographique ou le dessin fait au pinceau porte toujours, sauf exception, sur la face convexe.

Une couche régulière, sans solution de continuité, est cependant exigée, mais il n'y a pas à se préoccuper des petits défauts résultant de l'émaillage ni des points noirs qui pourraient déparer la blancheur du contre-émail. Les ondulations qu'il faut cependant éviter nuisent peu à la valeur de la plaque.

Mais la partie convexe, l'émail proprement dit, doit être sans défaut.

Quelque brillant et quelque régulier que soit l'émaillage, un seul point noir, surtout dans le centre, annule la valeur de la plaque. Elle ne peut servir qu'à des essais, à moins que, par suite de la disposition du dessin ou de l'épreuve, on puisse noyer ces défauts sous des ombres assez accentuées.

Nous ne reviendrons pas sur ce qui précède. Le côté convexe sera traité comme le contre-émail.

Nous reprenons donc l'émaillage au point où nous l'avons laissé en traitant le contre-émail qui est achevé après l'application de la seconde couche.

En supposant que les mêmes opérations aient été faites sur la partie bombée, ce côté ne serait pas entièrement terminé.

Voyons donc ce qui nous reste à faire pour achever le vrai côté de la plaque d'émail.

Le dessous terminé, nous détachons l'émail qui est fixé sur la bobine, sans secousse et sans brusquerie, puisque la couche qui n'est pas fondue tient à peine sur le métal.

Comme l'émaillage se fait par série de plaques, toutes les formes qui sont contre-émaillées sont placées à mesure en ligne sur des feuilles de papier blanc et mieux sur des planchettes sur lesquelles on a collé une feuille de même couleur et ne formant aucun pli.

Quand le dessous est terminé, la première plaque de la série est assez sèche pour qu'il soit possible de procéder à la couverture de la face convexe.

On ne peut pas, dans ce cas, fixer la forme à la cire sur le support. Le contre-émail qui n'est pas sec s'y oppose.

On place la forme sur l'établi en interposant une feuille de papier blanc. Il n'y a aucun danger pour la partie émaillée, quoique non vitrifiée, puisque l'émail qui tapisse le creux ne porte pas sur l'établi. Les bords seuls où le cuivre est à nu sont en contact avec la feuille de papier.

Cette feuille est utile en ce sens que l'émail qui ne doit pas rester sur le cuivre et qui est entraîné par la spatule se répand sur une surface blanche où les corps étrangers et les points noirs sont visibles. Cet émail est repris après l'émaillage de chaque forme et remis dans la soucoupe pour être employé sans autre lavage.

Le contre-émail, en retournant la plaque pour couvrir le côté bombé, est sujet à quitter le cuivre si l'on ne prend pas de grandes précautions.

Il faut soulever sa forme et la retourner sur la feuille de papier avec un excès de précautions. On fait d'abord porter un des bouts du grand axe et passant la spatule en dessous comme soutien, on abaisse doucement le cuivre jusqu'à ce que le point maintenu par la spatule soit en contact à son tour avec la feuille.

Ce point mérite une grande attention. Si l'on ne procède pas avec toute la délicatesse que cette opération comporte, on détruira en quelques secondes et par manque de soin un travail qui a été long à réaliser.

La face bombée badigeonnée au pinceau, puis saupoudrée au tamis, reçoit quelques coups de spatule. On charge après le cuivre de pâte en commençant par le haut de la plaque et en étalant l'émail de droite à gauche. L'émail n'est porté sur la forme que par petites quantités à la fois. On juxtapose, sans laisser d'intervalle, les petites charges déposées par la spatule et l'on s'efforce d'en régulariser la surface en couchant l'émail à épaisseur égale, sur toute l'étendue de la plaque. Cette condition est des plus importantes. C'est la répétition, comme on le voit, de ce qui a été fait sur le contre-émail. Mais la face bombée qui nous occupe réclame beaucoup plus de soin que le contre-émail.

Après que l'eau gommée en excès a été enlevée à l'aide du chiffon pressé, le premier soin de l'émailleur est d'examiner la surface blanche à la loupe et d'enlever, avec la pointe d'un pinceau fin ou de la plume d'oie taillée, les grains noirs que la spatule découvre en glissant sur l'émail.

Quelque soin qu'on prenne en lavant le grain et si bien épluché qu'il soit avant l'émaillage, on retrouve encore des particules noires dont la présence ne s'explique pas, mais dont il faut purger l'émail à tout prix. Sous une nouvelle couche qui servirait d'engobe, les points noirs reparaîtraient. Ce pointillé qui n'est pas fusible percerait la couche à la fusion suivante et remonterait en quelque sorte à la surface.

Il ne nous reste plus maintenant qu'à fermer, par quelques coups de spatule, les creux produits sur la couche par la pointe du pinceau et à parer, comme dernière opération, la surface de la plaque.

C'est la partie la plus délicate. Nous avons dit que la couche d'émail, avant de passer dans le moufle, devait reproduire en tout point la texture unie d'une coquille d'œuf. Le spatulage d'une plaque ne peut donc être considéré comme fini qu'autant que l'émail se rapprochera le plus possible de l'aspect du type qui nous sert de comparaison.

Il ne faut pas compter sur la fusion pour réparer l'imperfection de la couche. Le feu y contribuera dans une certaine mesure, mais la fluidité de la matière vitreuse en fusion n'est pas assez grande pour permettre aux flux, en s'étalant, d'effacer les ondulations qui résultent d'un spatulage incomplet.

Comme dans le contre-émail, la couche est d'abord attaquée avec le bout massif de la spatule, mais quand la sécheresse de la pâte s'accentue, la spatule est retournée, et c'est le côté taillé en forme de scalpel recourbé qui doit glisser sur la surface de l'émail.

Il est utile quelquefois d'exercer une pression modérée pour affaisser la ligne en hauteur qui se dessine sur toute l'étendue de la plaque d'émail et qui se produit par suite de la courbure, sur la limite qui n'a pas été pressée entre deux glissements de la spatule. Ce n'est pas en frappant qu'on doit niveler cette arête, qui laisse une dépression très sensible formant ondulation à droite et à gauche, mais en appuyant délicatement l'acier poli sur la partie qu'il peut couvrir et en exerçant après une légère pression. On relève la spatule pour abattre à la suite et de la même manière la partie élevée dans tout son développement.

Les accidents sont fréquents au moment où la couche travaillée par la spatule ne laisse plus rien à désirer comme régularité de surface et égalité d'épaisseur. Il suffit d'un glissement irrégulier de l'outil pour remettre tout en cause. Les règles étant posées, on pourra toujours, avec un peu de patience, réparer l'accident qui se produit.

Quelles que soient les difficultés qu'on éprouve en débutant, difficultés qui sont, du reste, bientôt surmontées, le feu ne modifiera pas ou ne modifiera que très peu les imperfections d'une surface inégalement spatulée.

On s'efforcera donc d'atteindre la régularité en faisant disparaître les ondulations qui sont la pierre d'achoppement de ce travail, sans oublier d'éliminer à tout prix les points noirs si l'on ne veut pas s'exposer à retoucher la plaque après la vitrification. Les manipulations sont beaucoup plus compliquées quand la pièce a passé par le moufle, comme nous allons le voir.

Si tout se passe régulièrement dans le fourneau, la plaque d'émail est terminée. Mais ce cas est rare. Au cours de cette seconde vitrification, il peut se produire des accidents : les uns sont graves, les autres n'ont qu'une importance secondaire. Mais, en général, un grand nombre de pièces sortent du feu à peu près parfaites.

On nomme *émaux de premier choix* les plaques qui, retirées du moufle après cette deuxième fusion, n'ont plus à y retourner et qui ne sont pas soumises à des retouches qui nécessitent une troisième glaçure.

Ces pièces sont légères, brillantes, et l'émail qui les recouvre, n'ayant supporté que le feu normal de la fusion de la pâte, conserve toute la souplesse et le moelleux qui caractérisent ce produit.

Températures.

Nous répétons ici que les plaques d'émail qu'on introduit dans le moufle doivent sécher pendant une heure au moins dans l'étuve, construite à proximité du fourneau qui lui communique sa chaleur. On peut retarder la vitrification d'un jour et préparer, la veille, plusieurs séries de plaques qui ne passeront que le lendemain dans le moufle. Mais, dans ce cas, les plaques dont la vitrification sera remise seront séchées aussitôt après la couverture. L'humidité en quinze ou vingt heures oxyderait le cuivre, et la couche fondue manquerait d'adhérence sur le métal. Il faut, en outre, mettre à couvert les formes spatulées et prêtes à être mises au four pour les garantir de la poussière et des corps étrangers qui pourraient altérer la blancheur de la couche.

Dans ces conditions, on a moins à craindre les accidents qui proviennent très souvent du manque de sécheresse.

Les plaques préparées la veille et passant la nuit dans la pièce où l'on a installé le four qui garde sa chaleur pendant longtemps et qui la communique, sèchent peu à peu et régulièrement. L'émail se tasse sur le cuivre par son propre poids.

On est moins exposé aux bouillons et aux éclats de surface dont nous avons parlé.

On vitrifie les plaques d'émail par série de douze ou de six, suivant leurs dimensions.

Nous avons indiqué les soins qu'il faut apporter en déplaçant les pièces dont l'émail n'a pas été fondu. On les dispose la veille, à mesure qu'elles sont couvertes, sur les rondelles réfractaires barbouillées de kaolin ou de rouge anglais.

Mais elles ne sont pas posées directement sur la plaque réfractaire. On dispose sur ce support, qui servira à porter les plaques dans le moufle, des fragments de plaquettes, par série de trois, qu'on place en triangle, et l'on pose sans secousse la plaque d'émail sur ce trépied où la pièce trouve son aplomb.

Ces fragments en terre réfractaire sont rapprochés le plus possible, toujours en série de trois, afin que la rondelle reçoive autant de plaques qu'elle peut en contenir.

Si la plaque d'émail portait directement sur la terre réfractaire sans en être isolée d'un quart de centimètre, par les trois supports mis en triangle, la glaçure ne se ferait pas régulièrement. La chaleur ne serait pas la même sur le contre-émail et sur la partie qui fait face à la courbure du moufle. Cette inégalité de température occasionnerait des fendillements qui porteraient indistinctement sur la face concave et sur le côté convexe. Le contre-émail courrait les plus grands risques. Le vide qui existerait entre la rondelle réfractaire et le cuivre, par suite de la courbure du métal, ne permettrait pas à la chaleur de pénétrer en dessous avec la même force qu'en dessus, puisque le courant d'air, qui est pour beaucoup dans la fusion de l'émail, ne trouverait aucune issue pour s'insinuer en dessous et pour forcer le contre-émail à se liquéfier au même moment que la couverture du dessus.

Nous avons vu que les rondelles ou plaquettes réfractaires (la forme de ces supports peut être ronde ou rectangulaire) devaient être recouvertes de kaolin ou d'oxyde de fer.

Le kaolin est préférable. Il est difficile, dans le transport des plaques d'émail et dans le placement des supports, que les doigts ne soient pas salis par le contact des plaquettes. En les badigeonnant au rouge anglais, on s'expose à altérer la blancheur de l'émail sur les bords dans la manipulation des pièces. Tout contact laisse après la vitrification une tache brune sur le point touché Le kaolin n'a pas cet inconvénient à cause de sa couleur blanche.

L'application de la couche de kaolin ou d'oxyde de fer sur les plaquettes et sur les fragments qui supportent les formes, est d'une nécessité absolue. La raison en est simple, mais elle ne serait peut-être pas bien saisie par les débutants qui n'ont aucune expérience en matière de Céramique. Nous croyons utile d'en dire un mot.

Au point de vue de l'art céramique, les oxydes terreux et métalliques se divisent en deux séries par rapport au feu.

Les uns sont fusibles, les autres résistent au feu le plus énergique sans se fondre.

Comme il est convenu que la Chimie serait exclue de ce travail, la question étant déjà traitée, nous nous bornerons à dire que l'argile fait non seulement partie des corps terreux plus ou moins fusibles, mais qu'elle est le seul corps absolument infusible. L'alumine ou l'argile pure résiste aux plus hautes températures sans se fondre. L'oxyde de fer possède la même propriété. Pur et à l'état d'oxyde, sans mélange, ce corps, à la chaleur blanche, se transforme en fer métallique, mais il ne fond pas comme oxyde.

La plaque d'émail peut donc, sans inconvénient, être placée sur une couche d'argile (le kaolin es une argile blanche) ou sur une couche mince d'oxde de fer.

Elle ne s'y fixera pas par la fusion.

Si l'on négligeait de passer cette couche isolante sur les plaquettes réfractaires, les plaques d'émail s'y attacheraient par la fusion, sans qu'il soit possible de les en séparer. Deux corps fusibles se soudent l'un à l'autre. Aussi faut-il écarter les plaques d'émail mises en séries sur les plaquettes réfractaires. Tout contact souderait les pièces les unes aux autres et ce serait peine perdue de chercher à les séparer sans les briser.

Si les plaques réfactaires étaient formées d'argile pure, on pourrait se dispenser de passer la couche isolante.

On pourrait se demander à quoi sert le contre-émail et s'il n'est pas possible de le supprimer.

Le cuivre étant mis en forme comme nous l'avons indiqué, on pourrait, à la rigueur, n'émailler que la face convexe quand il ne s'agit que de petites pièces ne dépassant pas 0^m,02, mais le contre-émail est de rigueur sur les plaques dont la surface a quelque développement, et voici pourquoi :

La dilatation du métal est beaucoup plus grande que celle de l'émail.

Au refroidissement, le cuivre subit une contraction beaucoup plus énergique que la couche vitreuse. Si le cuivre restait libre en dessous, sans revêtement, le retrait qui s'exercerait de molécule à molécule, forcerait la partie convexe à s'abaisser et la face bombée se déformerait par suite de la dépression du centre.

Le contre-émail, du reste, rend la plaque plus solide. Sans la résistance de la couche inférieure, la pièce se fendillerait en dessus à la moindre pression et il en résulterait de nombreux accidents pour ajuster l'émail dans son médaillon.

Sans contre-émail, on ne doit étendre qu'une couche très mince sur la partie convexe. Les plaques préparées la veille ou le jour même étant sèches et disposées sur les rondelles, on procède à la vitrification.

La pâte étendue en couche ne peut pas être surprise par le feu. Les plaquettes chargées sont rapprochées progressivement du feu. Le tablier qui fait partie de l'appareil reçoit d'abord la rondelle qui doit entrer la première dans le moufle. Deux autres rondelles sont posées à droite et à gauche sur le même tablier où la chaleur est moins intense.

On prend ensuite avec la pince d'émailleur le support qui fait face à l'entrée du moufle, en ayant soin de ne pas le pincer trop près du bord. La terre réfractaire pourrait céder, surtout si elle n'a pas reçu un premier recuit dans le fourneau, ce qu'il ne faut pas négliger de faire avant de commencer l'émaillage. Cette rupture entraînerait la perte de toutes les plaques qui auraient trouvé place sur la rondelle.

On laisse sur chaque support un espace libre de quelques centimètres, et c'est dans ce passage qu'on fait glisser, en dessus jusqu'au tiers de la rondelle, la branche supérieure de la pince.

Les plaques introduites trop brusquement dans le four seraient saisies par la chaleur et l'émail pourrait être projeté en tous sens quoique sec. Il suffirait de la désagrégation d'une seule pièce pour entraîner la perte des autres.

Ce n'est donc que progressivement que le support pénètre dans le moufle. Avant de quitter le tablier, il doit être retourné, à mesure que le côté qui est en face de l'ouverture du four a reçu une partie de la température intérieure. Chaque point de la circonférence doit être mis en regard du moufle pour répartir également la chaleur sur chaque pièce.

Les plaques d'émail sont alors disposées à recevoir le coup de feu. On les porte dans le moufle en posant la plaquette d'aplomb sur le culot en terre réfractaire qui en occupe le centre et sur lequel le support sera mis en mouvement et tournera circulairement sous l'impulsion qui lui sera communiquée par la pince.

Nous répétons qu'il faut un feu beaucoup plus vif pour fondre l'émail que pour fixer l'épreuve photographique sur la surface qui a déjà reçu la glaçure dans le moufle.

TEMPÉRATURES.

Le fourneau d'émailleur, qui peut être porté à la température de fusion des métaux précieux tout aussi bien que le fourneau à réverbère, ne comporte dans le travail sur émail que quatre températures :

Le *rouge vif*, le *rouge naissant*, le *cerise* et le *cerise clair*.

Le rouge vif accuse. . . .	750°	de chaleur.
Le cerise naissant.	800	»
Le cerise	900	»
Le cerise clair.	1000	»

Le cerise clair, qui est le degré de fusion de l'argent, ne peut nous être utile que pour fixer l'épreuve photographique transportée, non pas sur émail, puisque le cuivre fondrait à cette température, mais sur porcelaine dure. Dans ce cas, la température doit être portée jusqu'à 1500°, qui est le point de fusion de l'émail silicé qui recouvre la porcelaine de Limoges.

On obtient ce degré en fermant l'ouverture du moufle, quand on a atteint le cerise clair. L'épreuve sur porcelaine y prend un glacé parfait en cinq ou six minutes.

Mais, hors ce cas, que nous signalons dans l'intérêt de l'émailleur photographe, la chaleur utile dans l'émaillage prend au rouge vif et s'arrête au cerise naissant.

L'œil peu habitué au feu distingue sans peine ces trois nuances.

Le rouge vif, plus ou moins accentué, est le feu de retouche et de coloris.

On n'oubliera pas qu'il faut quelques degrés en moins à chaque fois que la plaque retouchée passe par le moufle.

Le cerise naissant convient à la glaçure de l'épreuve photographique sur émail, en s'aidant du fondant spécial.

Le cerise modéré est le degré réservé à la fabrication de la plaque d'émail. Mais la température dans le fourneau d'émailleur ne garde pas longtemps le degré nécessaire à la vitrification de la couche.

Il convient de se rendre compte de la valeur du feu avant d'y introduire les plaques. Sous un feu sans énergie, l'émail subirait une décomposition lente dans le moufle et n'arriverait qu'à une glaçure louche et sans limpidité si le coup de feu arrivait trop tard.

L'émailleur prudent examinera le moufle, non pas au moment d'y introduire les pièces, mais cinq ou dix minutes avant, pour ramener le degré si la chaleur baisse. Il faut souvent attendre et perdre du temps dans l'émaillage et savoir profiter du moment propice.

Les pièces introduites définitivement dans le moufle exigent beaucoup de surveillance.

Sous le feu vif qui convient à la fusion de l'émail, il est un moment précis qu'il faut attendre pour continuer l'opération.

Aussitôt que l'émail est en fusion, et l'on s'en

aperçoit au brillant de la couche, les plaques ne peuvent pas rester au repos.

Il faut, à l'aide de la pince, imprimer à la rondelle, qui est en équilibre et qui ne touche que par le centre sur le support placé dans le moufle, un mouvement de rotation rapide, autant que faire se peut, pour forcer l'émail en fusion à s'étendre régulièrement sans laisser d'ondulation.

Cette manœuvre bien comprise et bien exécutée simplifie beaucoup la fabrication et dispense d'un travail très pénible quand, par défaut d'adresse ou de pratique, on est forcé de compléter mécaniquement le travail que le feu laisse incomplet.

On ne peut pas imprimer ce mouvement de rotation à la rondelle, sans la saisir avec la pince en face de soi. Il convient donc, en plaçant les pièces sur les rondelles, de ne pas les poser trop près du bord, mais de laisser $0^{m},01$ libre sur tout le prolongement de la circonférence. C'est sur cette partie que la pince a prise, et le mouvement de rotation à imprimer aux plaques peut être dans ce cas très rapide, puisque la plaquette laisse à l'opérateur une place toujours libre où la pince peut porter sans nuire aux émaux.

Une pièce qui est touchée par la pince pendant que l'émail est en fusion est une pièce perdue. La couche garde l'empreinte de l'outil et le cuivre est aplati par la pression.

On fait tourner la rondelle pendant dix à douze

secondes, et les pièces sont alors retirées du feu et placées en face de l'ouverture du moufle, sur le tablier du four. Elles pourraient se fendiller par une transition trop brusque de la température élevée qu'elles ont supportée à une température plus basse.

Voici un tour de main qui rend souvent de très grands services.

Il arrive que l'œil fatigué par le feu se trompe sur la valeur réelle de la fusion et l'on s'aperçoit, quand les pièces sont sorties du moufle, que la glaçure est incomplète et que la surface des plaques reste grenue.

On attend alors, non pas le refroidissement de l'émail, mais le moment où la plaquette qui porte les pièces a repris la température rouge sombre.

L'émail perdant sa teinte rouge passe au jaune crème.

C'est à ce moment qu'il faut reporter d'un seul coup, c'est-à-dire sans transition, les plaques dans le moufle. L'émail, saisi par ce coup de feu inattendu, se liquéfie presque immédiatement, et la glaçure incomplète prend alors dans le moufle l'éclat qui convient.

On passe au feu toutes les plaques préparées, et l'on choisit pour mettre à part celles qui n'ont pas besoin d'être retouchées.

L'émail garde longtemps sa chaleur et, à ce sujet, nous ne saurions trop recommander aux débutants de ne jamais se départir des plus grandes précautions.

On ne peut toucher aux pièces qu'avec des précelles ; il faut se défier, quand on débute dans l'émaillage, de porter la main sans réflexion sur tout ce qui est mis en rapport avec le four : rondelles, plaques, pinces, etc. On se brûle cruellement les doigts faute d'attention.

CHAPITRE IV.

RETOUCHE APRÈS LE COUP DE FEU.

Gratte-boësse.

Les plaques qui sont jugées parfaites et qu'on a mises à l'écart ne sont pas entièrement terminées, quoique l'émaillage ne laisse rien à désirer.

Il faut les parer, faire disparaître les irrégularités de la bordure et aviver le brillant de la surface.

On commence à enlever avec une lime très fine les parcelles d'émail qui se sont attachées au filet, sans entamer le cuivre. On polit ensuite avec la gratte-boësse spéciale la bordure de la plaque où le cuivre reste à nu. Le métal à vif s'est oxydé pendant la fusion, la plaque manquerait d'apparence et l'élégance de la forme y perdrait.

On forme cette gratte-boësse spéciale qui ne se trouve pas dans l'industrie, en enroulant, sur un bout de carton de 0m,04 de largeur sur 0m,08 de longueur, droit et sans courbure un fil de cuivre de la finesse d'un cheveu. Ce fil se trouve en bobine chez les marchands de métaux. C'est le numéro le plus fin qu'il faut choisir.

On fausse le carton pour retirer l'écheveau de métal qu'on replie sur lui-même, et l'on serre le milieu avec une ficelle solide.

On tranche ensuite aussi nettement que possible l'un des bouts pour supprimer les boucles formées par les fils repliés sur eux-mêmes. La partie qu'on doit tenir en main reste intacte.

La gratte-boësse qui sert en galvanoplastie est formé de fils de cuivre trop gros. Il y aurait danger, en l'employant, à détacher l'émail près de la bordure.

On avive le filet en humectant le bout de la gratte-boësse dans une eau acidulée à 10 pour 100 par l'acide sulfurique. La friction suffit pour ramener l'éclat du métal. La lime intervient quelquefois pour enlever les saillies qui ne cèdent pas à l'outil et qui résistent au décapage.

La glaçure de l'émail, quoique irréprochable, prend cependant plus d'éclat et plus de moelleux en frictionnant la partie convexe, qui est seule en question, avec un chiffon dur trempé dans une bouillie d'eau et de tripoli. L'oxyde d'étain peut remplacer le tripoli. Il ne faudrait pas se servir d'émeri porphyrisé qui attaquerait le brillant de l'émail. On lave ensuite à l'eau pure, et les plaques essuyées et séchées près du fourneau sont ensuite enveloppées de papier de soie.

Ces retouches, qui ne s'appliquent qu'aux émaux qui sortent parfaits du moufle et dont la surface lisse et brillante ne porte pas trace d'ondulation, sont, comme on le voit, peu importantes.

Il n'en est pas de même des plaques défectueuses, et ce que nous avons dit au sujet des pièces qui sortent imparfaites du premier feu et qui n'ont reçu qu'une couche d'émail est applicable aux émaux qui ont repassé par le moufle et qui en sortent dans des conditions inacceptables.

Les retouches à faire sur cette seconde catégorie sont difficiles, fatigantes, et le résultat complet n'est pas toujours atteint.

Les accidents qui peuvent se produire sont :

1° Les *ondulations;*

2° La *solution de continuité;*

3° Les *points noirs;*

4° La *coloration verte.*

Voyons quels sont les moyens à prendre pour réparer ces désordres.

Ondulations.

Il n'y a pas d'autre remède pour effacer les ondulations que l'usure de l'émail.

Il est cependant plus facile qu'on ne le croit d'user l'émail qui a pourtant la dureté du verre.

La meilleure méthode consiste à monter une

meule en grès dur, pareille à celle qui sert au rémouleur. Mais la pédale ne doit pas lancer la meule verticalement à l'axe. Le grès doit tourner horizontalement comme la tournette usitée dans la gravure héliographique ou comme l'appareil qui sert à moudre le blé: deux roues d'angle déterminent ce mouvement.

La pierre en grès qui sert au pavage des rues est supérieure à toute autre matière pour user promptement l'émail, mais il faut la réduire en poudre fine et la passer au tamis 110.

Il serait difficile, sans moyen chimique, de transformer un pavé en poudre fine.

On y arrive sans difficulté en faisant rougir le grès dans le fourneau d'émailleur et en l'immergeant à la chaleur rouge sombre dans un baquet d'eau fraîche. Le bloc se sépare instantanément en fragments friables qui tombent en poussière au moindre choc.

On verse de temps en temps sur la meule le grès réduit en poudre, détrempé d'eau, et les ondulations disparaissent peu à peu.

Mais il faut guider l'émail et ne pas user la couche plus à droite qu'à gauche.

Les plaques qui n'ont pas d'autres défauts sont à tour de rôle passées sur la meule et, quand elles ont été rincées à l'eau fraîche, puis séchées près du fourneau, elles reprennent dans le moufle le brillant qu'elles ont perdu par l'usure.

Il ne reste plus qu'à repolir le filet à la gratte-boësse, comme il a été indiqué. A défaut de meule, on fait disparaître les ondulations à l'aide d'une pierre à affiler qu'on conduit à la main.

L'émail est couvert d'une bouillie de grès et l'on s'efforce, à l'aide de la pierre, d'user les inégalités de la surface. Le miroitement du glacé entre les ondulations est un guide qui ne trompe pas. Ce n'est qu'en dépolissant l'émail presque dans son entier, en se réglant sur la courbure, que l'usure se fait régulièrement.

L'émail, pendant la friction sur la partie bombée, courrait risque de se fendre et de s'écailler s'il était posé à plat sur le bord, en négligeant d'interposer un corps souple plus ou moins élastique.

On arrondit un torchon épais et hors de service en le repliant sur lui-même, puis on le place sur un support massif et lourd, qui peut être un pavé. L'émail est posé, le côté à dépolir en dessus, sur ce coussinet qui est assez élastique pour céder à la pression du polissoir et pour remplir la partie concave de l'émail. La force exercée par l'ouvrier, sans être affaiblie, est atténuée dans ses effets et la pièce soutenue par la toile qui pénètre dans le creux est moins exposée à se fendre.

Ces travaux complémentaires, aussi longs et plus arides que l'émaillage lui-même, démontrent la nécessité des règles que nous avons fait connaître.

Solutions de continuité.

Cet accident plus grave peut se renouveler au second feu. Nous avons déjà indiqué comment on y remédiait en parlant de la vitrification de la première couche. Les plaques ondulées où des éclats ont mis le cuivre à nu près du filet, ce qui arrive, rentrent dans cette catégorie et sont traitées de la même manière.

On rajuste à la spatule les parties dénudées. Dans ce replâtrage, l'émail mis après coup ne doit pas s'élever au-dessus de la surface vitrifiée ni rester en contre-bas. Il est absolument nécessaire de décaper l'émail dans son entier à l'acide sulfurique dilué et de frictionner les parties dénudées avec la brosse à dent. L'émail ne tiendrait pas sur le métal dont l'oxydation serait le résultat de l'humidité et non du feu. Il reste entendu qu'un lavage à l'eau fraîche est de rigueur après le décapage à l'acide.

La solution de continuité est beaucoup plus fréquente sur le contre-émail que sur la face utile. Dans le premier cas, la plaque perd de sa valeur, mais l'accident n'a rien de grave. Un peu de pâte posée et étendue à la spatule rétablit l'ordre.

La même retouche faite sur la face bombée n'est pas plus difficile, mais elle entraîne avec elle des manipulations plus compliquées. Il est rare, en effet, quelque adresse qu'on ait à replâtrer la brèche, que la fusion ne produise pas un creux ou une élévation sur la partie retouchée. Si l'on touche juste, ce n'est que par exception.

En cas contraire, on est forcé de repasser la plaque sur la meule pour rétablir le niveau et la courbure, soit en usant la partie intacte de l'émail, si la retouche a formé un creux, soit en abaissant la retouche elle-même quand elle fait saillie sur la plaque.

Mais de toute manière, la partie usée doit repasser dans le moufle. Le feu peut seul rendre le brillant à la partie dépolie par la meule.

Ces raccords ne nuisent en rien à la solidité de la couche et les accidents après peinture ou report photographique ne sont pas à craindre sur les points retouchés.

Points noirs.

Nous avons vu précédemment que les points noirs étaient un accident grave et qu'il fallait, pour les éliminer, attaquer la couche au burin et percer l'émail jusqu'au cuivre sans fausser le métal et sans le trouer. Après un décapage à l'acide sulfurique dilué, on rince, et la partie découverte est bouchée avec le fil de cuivre aplati.

Il est rare, après cette retouche, qu'on ne soit pas forcé de recourir encore à la meule et ensuite au moufle pour ne laisser aucune trace de correction.

Coloration verte.

Avec les formes nouvelles, cet accident peut se produire, mais il peut toujours être évité quand on a une connaissance exacte du feu et que l'œil exercé sait apprécier, en ouvrant le fourneau, le degré approximatif de la température par la couleur intérieure du moufle.

Si la forme en cuivre chargée d'émail est portée dans le moufle entre le cerise et le cerise naissant (800°), qui est le point de fusion du cuivre pur, le métal entrera en décomposition sur la partie la plus voisine du fond du moufle. Il y aura altération du métal dans le voisinage du filet. Le cuivre, se combinant alors avec l'émail, communiquera à ce dernier la teinte verte qui est la caractéristique des sels de cuivre quand ils entrent comme base colorante dans la composition des couleurs, si l'on en excepte, et ce n'est pas le cas, la couleur pourpre et rouge qui se développe quand le métal est dans un état inférieur d'oxydation.

On agira prudemment en vitrifiant l'émail à une température oscillant entre 700° et 750°, et en maintenant le moufle au rouge vif.

Si l'on aperçoit une coloration en bleu verdâtre,

non pas sur l'émail, mais autour de l'ovale en feu dessiné par le filet, on abaissera la température en fermant immédiatement la clef de la cheminée de tirage. Un peintre ou un aquarelliste distingue facilement, sans terme de comparaison, toutes les nuances d'une couleur quelconque. Il est aussi aisé, en y portant attention, de préciser à première vue la nuance que la chaleur développe dans l'intérieur du moufle, qui, partant du rouge sombre facile à reconnaître, peut arriver jusqu'au blanc vif, dont l'éclat est pareil à celui de la lumière électrique. Les nuances entre le rouge sombre et le blanc sont, comme on l'a vu, le rouge vif, le cerise naissant, le cerise clair et l'orangé. Après avoir allumé deux ou trois fois le fourneau, si l'on observe la gamme des nuances, il est difficile de se tromper ensuite, même sans pyromètre, sur la température réelle du moufle.

La plaque d'émail vaut un pyromètre. On sait en principe qu'elle ne glace pas au rouge sombre, on connaît en outre que la flamme verte indique une température trop élevée ; il ne reste plus qu'à activer le feu dans le premier cas, et à le diminuer dans le second. Le cerise naissant, qui est une nuance franche et facile à reconnaître, peut être entretenu dans le moufle, si peu qu'on veuille s'en donner la peine. Mais, en tout cas, il faut attendre que cette nuance soit franchement développée avant d'introduire les pièces dans le fourneau.

On s'abstient de fermer la porte du moufle pendant la vitrification. Le courant d'air contribue à la fusion.

Il est bon de faire remarquer que, sur la fin de l'opération, le moufle atteint un degré plus élevé que celui qui est accusé par la couleur du feu.

La terre réfractaire, chauffée pendant plusieurs heures, renvoie dans le foyer une grande quantité de la chaleur qu'elle a absorbée. Cette recrudescence se manifeste au moment où le combustible ne projetant plus de flammes reste stationnaire et a une tendance à s'affaisser.

Les plaques glacées à cette chaleur descendante prennent un brillant particulier, et c'est dans ce cas seul que l'ouverture du moufle peut être obturée, quand on s'aperçoit que la chaleur renvoyée n'est plus suffisante pour glacer l'émail qui, par suite de retouches, est forcé de repasser par le moufle.

Une couche de pâte qui n'aurait pas subi une première fusion ne peut pas être vitrifiée à la chaleur descendante.

DEUXIÈME PARTIE.

COLORIS ET RETOUCHE.

CHAPITRE I.

INSTALLATION ET OUTILLAGE.

Nous conseillons au retoucheur coloriste de faire l'achat de la palette dont on se sert dans cette peinture spéciale.

C'est une boîte en fer-blanc renfermant une plaque en porcelaine portant dix à douze creux où sont déposées les couleurs qu'on a incorporées aux essences qui leur servent de véhicule.

Une partie réservée reçoit les trois flacons dont le contenu est indispensable dans la peinture qui nous occupe :

1° Un flacon d'essence de térébenthine rectifiée ;
2° Un flacon d'essence grasse ;
3° Un flacon d'essence de lavande.

La boîte renferme en outre trois séries de pinceaux qui seront choisis avec un soin tout particulier.

Trois en petit-gris ou en martre :

L'un est à bout carré pour poser les couleurs de fond et les deux autres sont, l'un à pointe moyenne et l'autre à pointe très fine.

Plus ce dernier est effilé et à poil court, mieux il vaut. Il sert à la retouche et au coloris du visage dans le portrait.

L'assortiment est complété par cinq ou six putois, les uns ronds, les autres à pied-de-biche, c'est-à-dire coupés en biseau. Ces derniers sont réservés pour le coloris de la porcelaine. Les putois ronds ne servent que dans la peinture sur émail. Mais, dans une main exercée, le pied-de-biche et le putois rond donnent les mêmes résultats.

L'essence de térébenthine rectifiée sert à délayer les couleurs et à laver les pinceaux. Le même flacon remplit ces deux emplois. Dans le nettoyage, les couleurs employées en Céramique ne se mêlent que momentanément à l'essence maigre. Leur densité les fait immédiatement tomber au fond.

L'essence grasse est ajoutée aux couleurs délayées dans l'essence ordinaire pour leur donner du liant et pour faciliter leur application en couches régulières.

L'essence de lavande, qui peut être remplacée par l'essence de girofle, s'emploie pour certaines retouches délicates qui exigent de la consistance mais une grande fluidité dans la couleur que l'essence grasse épaissirait un peu trop.

On joint à ces accessoires :

Un couteau à ramasser en acier ou en corne;
Un grattoir;
Un porte-aiguille;
Une précelle;
Une loupe;
Des molettes en verre;
Une glace dépolie.

Le putois joue le premier rôle dans le coloris et dans la retouche de l'émail.

Il est bon d'en avoir une douzaine sous la main, choisis dans les petits numéros. Le plus fin ne doit pas dépasser en surface la grosseur d'une tête d'épingle.

L'émail photographique, qui ne s'applique qu'au portrait, sauf exception rare, ne reproduit que de petites épreuves dont la retouche est minutieuse. Les putois fins ne servent en quelque sorte que pour le coloris du visage, ou pour étendre des ombres très-limitées dans les émaux monochromes en noir. Il est utile de pouvoir disposer d'un putois pour chaque couleur, quoique le même puisse servir; mais on est toujours satisfait, quand ils sont en nombre, de trouver à la seconde un pinceau sec qui n'étendra pas la peinture.

Les putois de $0^m,003$ à $0^m,006$ servent à poser les fonds. Ces pinceaux doivent être très-secs quand on en fait usage.

Nous n'envisageons en ce moment que les couleurs de moufle qui fondent à 800° plus ou moins et qui sont réservées pour la peinture sur émail ou sur faïence. La glaçure de la faïence qui est, comme dans l'émail, formée d'étain, se ramollit au feu à la même température.

Comme dans nos travaux de retouche et de coloris, nous aurons à décorer la porcelaine ordinaire de Limoges ou d'ailleurs, c'est-à-dire la porcelaine dure, il est bon de s'entendre et de connaître la valeur des expressions employées en Céramique.

Les couleurs de moufle, qui ne diffèrent des couleurs de grand feu que par leur plus grande fusibilité, sont celles qui pénètrent et s'incorporent à la glaçure de la pièce sur laquelle on les applique. Il y a dans ce cas une double fusion. La fusion de la couleur étendue au pinceau et la fusion de la couche vitreuse, posée et glacée en fabrique sur la pièce qu'on décore.

Les couleurs de grand feu ne peuvent recevoir le glacé que d'elles-mêmes. On les pose sur des surfaces qui ne se ramollissent qu'à la température de 1800°. La porcelaine ordinaire transparente est dans ce cas. Ces couleurs sont en petit nombre, nous les avons fait connaître dans notre *Traité pratique des émaux photographiques* [1].

Mais ce qui précède ne veut pas dire qu'on ne puisse pas décorer la porcelaine dure avec les cou-

[1] Paris, Gauthier-Villars et fils.

leurs de moufle. Dans ce cas, ce n'est que par l'épaisseur de la couleur posée que la glaçure se produira, le fond restant inerte. Le vernis de la porcelaine ne contribuera en rien au glacé de la retouche ou du coloris. Il n'y aura de brillant qu'autant que le coloris fondra.

Ce sont ces causes qui entraînent les insuccès quand on veut transporter l'épreuve photographique sur la porcelaine dure.

La glaçure n'arrive pas à moins de porter le moufle à 1800°, et alors les couleurs ordinaires dont on se sert s'affaiblissent au point de rendre la tentative inutile. On emploie, dans le report sur porcelaine, des épreuves développées avec des couleurs spéciales préparées sans fondant et l'on choisit les oxydes métalliques les plus fixes, qui peuvent seuls supporter cette haute température sans se volatiliser. Tels sont l'oxyde de cobalt et l'oxyde d'iridium, etc.

Ces couleurs se fixeront sur la porcelaine en se combinant avec le feldspath, qui forme la couverture du support. Mais ce n'est qu'à la température de 1800° que le vernis de la porcelaine entrant en fusion fixera ces oxydes et que l'épreuve sortira brillante du moufle, quoique la couleur n'ait en rien contribué à la glaçure.

On atteint cette haute température dans le four d'émailleur en fermant l'ouverture du moufle pour concentrer la chaleur, et la couleur du feu passe en un quart d'heure du rouge cerise au cerise orangé.

La glaçure complète et miroitante du report sur porcelaine arrive en moins d'une demi-heure. L'épreuve est tout aussi belle qu'une reproduction sur émail.

Comme nous l'avons dit, toutes les difficultés sont vaincues quand on a obtenu cette première glaçure, et la décoration suit un cours régulier si l'on a pris comme point de départ les oxydes fixes sans fondant pour former le dessin héliographique, qui supportera après sans faiblir les feux de coloris et de retouche qui oscillent entre 700° et 800°, et qui sont trop faibles pour altérer ces couleurs dures qui ont été vitrifiées à une température beaucoup plus élevée.

Nous rentrons dès lors dans la peinture ordinaire sur porcelaine, et le travail fait au pinceau comme coloris avec les couleurs tendres n'a plus à supporter que la température moyenne pour atteindre le glacé.

CHAPITRE II.

COULEURS.

Séries de couleurs.

Voici les deux séries des couleurs employée dans le coloris des épreuves vitrifiées en noir o en brun sur porcelaine et sur émail.

COULEURS DURES.

Première série.

Pourpre,
Carmin foncé,
Brun rouge,
Rouge de chair,
Jaune orangé,
Bleu foncé,
Bleu vert,
Vert foncé,
Brun bitume,
Violet de fer,
Gris noir,
Noir d'iridium.

COULEURS TENDRES.

Deuxième série.

Carmin clair,
Rouge capucine,
Jaune clair,
Jaune d'argent,

Jaune d'ivoire,
Bleu clair,
Bleu ciel,
Vert de chrome,
Ocre brun jaune,
Brun ordinaire,
Gris tendre.

Ces couleurs, qui forment la palette du décorateur sur porcelaine et qui peuvent servir, à défaut de couleurs spéciales, pour le coloris des épreuves photographiques transportées sur le même subjectile, seraient trop fusibles sur émail.

Il est nécessaire, pour peindre sur les bases stannifères, de modifier ces couleurs en réduisant la quantité des fondants qui entrent dans leur préparation.

Il en résulte que les couleurs dures qui servent à décorer l'émail peuvent être employées pour la porcelaine avec une addition d'un tiers de fondant général, anciennement appelé fondant rocaille et dont la formule est indiquée dans notre *Traité pratique des Émaux photographiques* (1).

Il en résulte encore que les couleurs préparées en vue de la porcelaine sont trop tendres pour l'émail par suite de leur grande fusibilité, et que ces mêmes couleurs seraient trop dures employées sur verre si l'on ne les additionnait pas d'un tiers en plus de fondant.

(1) Paris, Gauthier-Villars et fils.

Couleurs d'émail.

La palette, pour le coloris de l'émail, n'est pas très étendue. Elle est limitée à huit couleurs qui sont :

Le pourpre,
Le carmin dur,
Le bleu ordinaire,
Le vert bleu,
Le vert de chrome,
Le jaune d'argent,
Le jaune orangé,
Le noir d'iridium.

Ces couleurs, dont le nombre est réduit, peuvent être mélangées et donner tous les tons secondaires. La série serait incomplète, si les bruns et les rouges qui manquent ne pouvaient pas être obtenus par mélange.

On prépare la couleur d'ocre en mélangeant deux parties de jaune d'argent et une de carmin.

Le brun, en mêlant deux parties de jaune d'argent et une de pourpre.

Le bitume ou le brun foncé, en ajoutant quelques traces d'iridium au ton qui précède.

ROUGES.

La laque rouge se développe au feu en superposant deux couches. La première, de jaune orangé, et la seconde, de carmin. Le résultat est supérieur si le carmin n'est superposé qu'après la vitrification de la teinte jaune.

L'iridium, mêlé en faible quantité à l'essence grasse, donne un gris fixe et harmonieux. Mélangé aux autres couleurs, il forme tous les gris imaginables. Il peut servir à éteindre toutes les couleurs auxquelles il est incorporé.

Cette palette, qui paraît restreinte, répond à toutes les exigences de la peinture sur émail.

Les rouges de fer, qui ont une si grande fraîcheur dans la peinture sur porcelaine, sont très difficiles à employer dans le coloris de l'émail. On peut cependant en tirer parti pour aviver les demi-teintes chair du visage par un putoisé très léger, qui se fait sur l'épreuve terminée. On glace l'oxyde de fer à la température du rouge vif avoisinant le cerise. Au delà, la teinte rouge ne tient pas et il n'en reste pas trace sur l'épreuve après le passage au moufle.

Nous avons vu que cette couleur était remplacée par le carmin superposé sur la teinte jaune. Nous recommandons d'être très sobre de carmin en l'employant comme seconde couche pour développer la couleur de chair.

Préparation des couleurs.
Leur mélange avec l'essence grasse et l'essence de térébenthine.

Nous ne saurions trop insister sur la préparation des couleurs.

Cette opération, si simple en elle-même, est pourtant un point de départ qui mérite attention.

Les couleurs, déjà réduites par le chimiste en poudre impalpable, sont mêlées au couteau à l'essence grasse et à l'essence de térébenthine. L'oxyde qui porte son fondant est malaxé à l'essence maigre de térébenthine, et l'on ajoute l'essence grasse quand ce premier mélange est intime et bien lié. Le résultat du coloris et de la pose des fonds dépend, ce point est à noter, de la quantité d'essence de térébenthine et d'essence grasse qui entre dans la préparation de la couleur. L'essence maigre n'a qu'un rôle très effacé. C'est l'essence grasse qui est le véhicule de la couleur, et c'est de l'emploi judicieux de ce dernier produit que résulte l'harmonie du coloris.

L'essence grasse, et nous avons dit ailleurs de quelle importance était le choix de ce véhicule, devrait être employée seule si l'on pouvait, par son intervention, diviser la couleur en poudre et donner à l'oxyde préparé assez de fluidité pour qu'il fût possible de l'étaler aisément au pinceau.

On ne se sert d'essence maigre que par nécessité et dans le but de diviser la couleur.

Mais, puisqu'on est forcé de s'en servir, il est indispensable de connaître ce qui peut résulter du mélange de cette essence en trop grande quantité dans la préparation de la couleur de peinture.

On mélange, avons-nous dit, l'essence maigre

aux oxydes qu'on place en petite quantité sur une glace dépolie. Les deux produits sont ensuite travaillés au couteau pour en opérer le mélange intime.

Dans cet état, malgré l'apparence contraire, il serait tout à fait impossible de tracer un trait délicat, même avec un pinceau très fin. La ligne tracée s'étalerait en tous sens, sans rester en place.

L'essence maigre ne peut pas amalgamer les oxydes et lier le grain microscopique de la poudre colorante au grain voisin. Ce n'est donc que par l'addition du corps gras que la couleur, prenant de la résistance et du liant, peut être étendue en couches uniformes sur les fonds à l'aide du putois, et donner des contours déliés et délicats quand on se sert du pinceau fin en blaireau ou en martre.

Il est très important de connaître la proportion d'essence grasse qui doit entrer dans la composition de la couleur.

Cette quantité, qui ne peut pas être indiquée, même d'une manière générale, à cause de la densité variable de chaque couleur, peut être appréciée cependant à l'usage. Voici une règle qui ne trompe jamais et que l'élève peut suivre d'une manière absolue avant de pouvoir, par expérience et par habitude, juger si les proportions d'essence sont exactes dans le mélange.

Avant de placer par ordre dans les creux de la palette les couleurs qu'il a préparées, il ne négligera pas de puiser à plein pinceau dans le ton qu'il veut essayer. Il étendra la couleur sans hésitation sur un fragment de porcelaine ou sur une plaque d'émail.

Si la couleur poisse en s'étalant, on ajoute quelques gouttes d'essence maigre, et si la couche reste luisante, l'essence maigre a été mêlée en trop grande quantité.

Si, au contraire, la couleur s'étend sans difficulté et si la couche reste mate en séchant, les deux essences auront été dosées régulièrement.

On reprend les mixtions qui restent brillantes et qui ne prennent pas la teinte mate après deux ou trois minutes et l'on y ajoute quelques traces d'essence grasse. Si, après cette modification, la couleur s'étale sans poisser, tout en restant brillante, c'est que l'essence grasse aura été mise en excès.

On corrige le défaut dans ce dernier cas en broyant une petite quantité de poudre à l'essence maigre qu'on ajoute à la couleur déjà préparée.

Il faut, en un mot, que la couleur appliquée à plein pinceau ne laisse pas d'épaisseur et qu'elle devienne mate.

Les teintes claires, c'est-à-dire les demi-teintes, ne pourraient pas être étendues avec l'essence de térébenthine.

Pour obtenir une couche mince et régulière, il n'est besoin que d'ajouter de l'essence grasse à la couleur déjà préparée, mais il faut en même temps empêcher la couleur de poisser par une addition convenable d'essence maigre.

L'essence grasse employée en proportion juste, par rapport à l'essence maigre, n'apporte aucun trouble dans le coloris pendant la vitrification de l'épreuve. La couleur ne grippe jamais en raison de l'emploi de l'essence grasse, pourvu que la pièce ne soit pas introduite dans le moufle avant que la peinture ne soit complètement sèche.

L'évaporation complète de l'essence avant d'introduire la plaque coloriée ou retouchée dans le moufle est encore un de ces points dont il faut prendre note.

La plaque coloriée ne peut pas sécher par elle-même, même avec le temps. La chaleur du soleil n'est pas assez forte pour évaporer l'essence grasse. Ce n'est qu'en l'exposant pendant quelques heures près du moufle que la couleur sèche.

Quand on introduit, après le report, dans le fourneau d'émailleur, une épreuve sur porcelaine ou sur émail, l'image remarquable par ses détails s'obscurcit et la plaque, pendant dix ou douze secondes, prend une teinte noire qui fait disparaître toute trace de dessin.

Après ce temps et au moment où le subjectile a pris la température intérieure, l'épreuve reprend sa netteté sous la couleur rouge cerise communiquée par le feu.

Que le transport ait été fait à l'eau sucrée ou par l'intermédiaire de l'eau de borax, le même fait se produit.

Ce voile noir passager est dû soit au sucre, soit au collodion que le feu réduit à l'état de charbon. Mais, comme nous l'avons dit, l'épreuve revient telle qu'elle doit être aussitôt que les produits organiques ont été calcinés.

L'émail et la porcelaine coloriés suivent les mêmes modifications. Le coloriste ne doit pas être surpris du désordre apparent qui se manifeste sur la plaque quand il l'expose à une température de 70°, près du fourneau, pour faciliter l'évaporation de l'essence grasse qu'il a mélangée à ses couleurs.

Ce n'est qu'entre 60° et 70° que la résine perd les dernières traces de sa partie volatile, et à cette température elle se réduit en charbon.

C'est la couche de charbon résultante qui voile le dessin. Mais cette couche disparaîtra comme le charbon fourni par le sucre et par la pellicule de collodion et il n'en résultera aucun désordre dans l'ensemble de l'épreuve.

Le coloris exige au moins deux feux. Quand on est au courant de la peinture sur porcelaine, on peut, par simple inspection, juger de la valeur des teintes déjà posées sur l'épreuve sèche et noircie dans le voisinage du moufle.

On peut et l'on doit les renforcer si besoin en est.

Mais ces couleurs fraîchement posées ne peuvent être introduites dans le moufle que lorsqu'elles sont sèches.

Ce n'est qu'après ce premier feu qu'on termine le coloris de l'épreuve en modifiant, selon le cas, les parties qui sont trop ou trop peu colorées.

L'acide fluorhydrique, qui a servi pour donner les blancs et pour éclaircir les demi-teintes sur l'émail et qui s'emploie coupé de quatre fois son volume d'eau, dédouble les couleurs appliquées sur émail, si, après qu'on a passé légèrement un pinceau trempé dans cet acide, on essuie immédiatement avec un linge blanc et souple.

L'emploi de l'acide fluorhydrique exige de grands ménagements dans la retouche sur porcelaine. Sur ce dernier subjectile, qui n'absorbe pas la couleur, la teinte est souvent enlevée dans son entier.

Voici un tour de main peu connu qui facilite singulièrement le fini du coloris, surtout sur l'émail.

On y a recours après le second feu pour fondre et unifier les teintes du visage. Cette dernière retouche à l'acide efface en quelque sorte tout ce qui paraît heurté dans les touches.

Mais l'acide réduit au quart serait trop énergique. On l'emploie réduit au dixième. Le pinceau est passé vivement sur l'ensemble du visage et l'on éponge immédiatement sans chercher à se rendre compte du résultat. Ce n'est qu'après le passage du chiffon qu'on juge si l'opération doit être reprise.

L'acide fluorhydrique, si faible qu'il soit, altère légèrement le brillant de l'émail et la plaque réclame un nouveau passage au moufle.

On en profite pour aviver les teintes de chair, la partie rouge des lèvres et des pommettes et l'on passe, s'il en est besoin, une teinte plate sur les masses trop faibles en couleurs.

Mélange des couleurs employées dans le coloris de l'émail et de la porcelaine.

Les couleurs spéciales que nous préparons se prêtent sans écailler aux mélanges qui suivent et forment, par combinaison, toutes les teintes que le coloriste le plus difficile a droit d'exiger.

POURPRE.

Le pourpre ou le stannate d'or, qui est la base des tons grenats, peut être mêlé au carmin pour renforcer les tons roses.

Il donne le violet, riche en combinaison avec le bleu de cobalt ordinaire.

On ajoute du noir d'iridium ou du vert bleu pour former les teintes foncées.

CARMIN.

Le carmin, principalement dans le coloris de

l'émail, ne peut être employé que très mince et délayé avec grand soin dans un excès d'essence grasse. Il forme les teintes rose tendre.

En le mélangeant au bleu ordinaire, il fournit les tons lilas.

Mêlé au vert de chrome et au pourpre, il développe les tons lilas.

ROUGE DE CHAIR. — ROUGE CAPUCINE. BRUN ROUGE.

Ces couleurs qui ne sont que de l'oxyde de fer, avec une pointe d'oxyde de zinc pour la nuance capucine, ne peuvent être mélangées ni avec le pourpre, ni avec le carmin.

Très fraîches sur porcelaine, elles sont peu employées dans la peinture sur émail. La pâte absorbe et détruit la teinte. Nous avons vu dans quelles circonstances on pouvait s'en servir.

Sur porcelaine, le rouge foncé ou brun rouge assombrit le rouge capucine.

BLEU FONCÉ.

Le bleu foncé ne s'emploie pas pour poser les fonds. Il est remplacé par le bleu ordinaire qui fait partie de la série des couleurs d'émail. Mêlé au pourpre, il donne un violet excellent pour la retouche.

Le bleu ciel écaille s'il est employé avec épaisseur. Il est réservé pour les fuyants et pour l'ébauche des ciels.

VERT BLEU.

Le vert bleu sert à préparer les gris. Il forme des verts utiles dans le paysage en mélange avec les jaunes.

JAUNE CLAIR.

On obtient des verts pomme en mélangeant ce jaune avec les verts de chrome. Il est sujet à écailler en couche épaisse.

Le jaune d'argent peut être ombré avec le brun. Le jaune d'ivoire ou jaune paille s'emploie seul et en couche mince.

On se sert d'ocre ou de brun jaune pour teinter les bois, les feuillages et le terrain des premiers plans.

BRUNS.

Nous avons vu que les bruns pour émail étaient formés par le mélange de deux parties de jaune d'argent et d'une partie de pourpre.

Le brun ordinaire, dans les couleurs pour porcelaine, rompt les bleus, les verts, les jaunes pâles et les rouges.

Le brun bitume additionné d'une pointe d'iridium donne un brun très foncé se rapprochant du noir. Il se mélange avec les verts pour assombrir la teinte des feuilles.

VIOLET DE FER.

Le violet de fer sert à foncer les rouges, les gris

et les bruns. On ne s'en sert pas ou on l'emploie peu dans le coloris de l'émail.

On ne le mélange pas avec les couleurs à base d'or : tels sont le carmin, le pourpre et le violet d'or.

VERT DE CHROME.

L'oxyde de chrome entre dans les verts et dans les bruns pour en modifier le ton. Il se combine avec le pourpre, il remplace dans bien des cas le vert de vessie.

NOIR D'IRIDIUM.

Ce noir, qui est indispensable pour développer l'épreuve héliographique, est peu employé dans le coloris de l'émail et de la porcelaine.

Il s'écaille très facilement au feu. Il communique trop de vigueur aux tons auxquels il est mêlé pour servir dans la retouche et dans le coloris.

En couche très mince, il donne de beaux gris. Il sert à ombrer le pourpre et les bleus.

FIN.

TABLE DES MATIÈRES.

CHAPITRE III.

CHAPITRE IV.

DEUXIÈME PARTIE.

COLORIS ET RETOUCHE.

CHAPITRE I.

FIN DE LA TABLE DES MATIÈRES.

Paris. — Imp. Gauthier-Villars et fils, 55, quai des Grands-Augustins.

OUVRAGES DE M. GEYMET.

Traité pratique de Photographie. *Éléments complets, Méthodes nouvelles, Perfectionnements*; suivi d'une Instruction sur le Procédé au gélatinobromure. 3e édition. In-18 jésus; 1885.......... 4 fr.

Traité pratique du procédé au gélatinobromure. In-18 jésus; 1885.......... 1 fr. 75 c.

Éléments du procédé au gélatinobromure. In-18 jésus; 1882.......... 1 fr.

Traité pratique de Photolithographie. 3e édition. In-18 jésus; 1888.......... 2 fr. 75 c.

Traité pratique de Phototypie. 3e édition. In-18 jésus; 1888.......... 2 fr. 50 c.

Procédés photographiques aux couleurs d'aniline. In-18 jésus; 1888.......... 2 fr. 50 c.

Traité pratique de Gravure héliographique et de Galvanoplastie. 3e édition. In-18 jésus; 1885.......... 3 fr. 50 c.

Traité pratique de Photogravure sur zinc et sur cuivre. In-18 jésus; 1886.......... 4 fr. 50 c.

Traité pratique de gravure et impression sur zinc par les procédés héliographiques. 2 volumes in-18 jésus, se vendant séparément :

Ire Partie : *Préparation du zinc*; 1887.......... 2 fr.

IIe Partie : *Méthode d'impression. Procédés inédits*; 1887. 3 fr.

Traité pratique de gravure en demi-teinte *par l'intervention exclusive du cliché photographique.* In-18 jésus; 1888.......... 3 fr. 50 c.

Traité pratique de gravure sur verre par les procédés héliographiques. In-18 jésus; 1887.......... 3 fr. 75 c.

Traité pratique des émaux photographiques, *Secrets, tours de main, formules, palette complète*, etc., à l'usage des *Photographes émailleurs sur plaques et sur porcelaines.* 3e édition (second tirage). In-18 jésus; 1885.......... 5 fr.

Traité pratique de Céramique photographique. Epreuves irisées or et argent (Complément du *Traité des émaux photographiques*). In-18 jésus; 1885.......... 2 fr. 75 c.

Héliographie vitrifiable. *Températures, Supports perfectionnés, Feux de coloris.* In-18 jésus; 1889.......... 2 fr. 50 c.

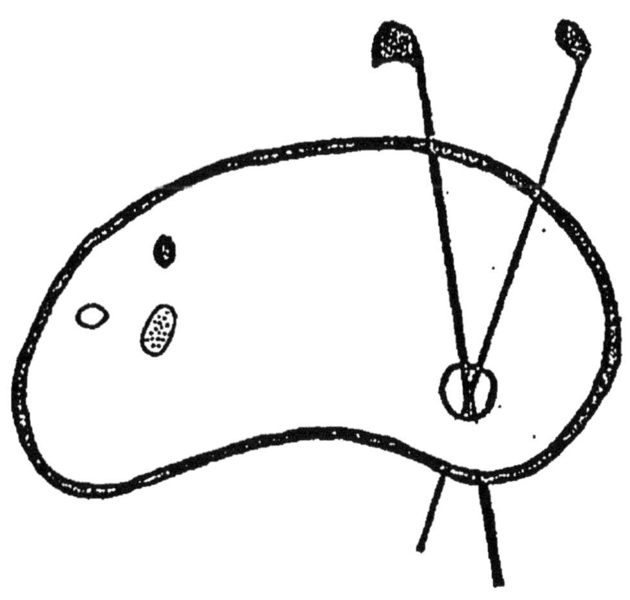

DEBUT D'UNE SERIE DE DOCUMENTS
EN COULEUR

www.ingramcontent.com/pod-product-compliance
Ingram Content Group UK Ltd.
Pitfield, Milton Keynes, MK11 3LW, UK
UKHW022115190726
13855UKWH00003B/860